我爱烘焙

Tarts & Pies
塔&派

王森 主编

图书在版编目（CIP）数据

塔&派 / 王森主编. — 北京：中国轻工业出版社，2016.4

（我爱烘焙）

ISBN 978-7-5184-0730-9

Ⅰ.①塔… Ⅱ.①王… Ⅲ.①西点－制作 Ⅳ.①TS213.2

中国版本图书馆CIP数据核字(2015)第298929号

责任编辑：苏　杨　　　　　文字编辑：方朋飞　　封面设计：奇文云海·设计顾问
策划编辑：马　妍　　　　　责任终审：张乃东　　责任监印：张　可
版式设计：奇文云海·设计顾问　责任校对：吴大鹏

出版发行：中国轻工业出版社（北京东长安街6号，邮编：100740）

印　　刷：北京顺诚彩色印刷有限公司

经　　销：各地新华书店

版　　次：2016年4月第1版第1次印刷

开　　本：787×1092　1/16　印张：9.25

字　　数：150千字

书　　号：ISBN 978-7-5184-0730-9　定价：38.00元

邮购电话：010-65241695　　传真：65128352

发行电话：010-85119835　85119793　传真：85113293

网　　址：http://www.chlip.com.cn

Email：club@chlip.com.cn

如发现图书残缺请直接与我社邮购联系调换

151050S1X101ZBW

序
FOREWORD

午后的阳光，温暖地洒在身上。斜坐在椅子上，一阵懒散扑面而来。在这个慵懒的午后，一杯咖啡，一份甜点，就是种莫大的享受。那种甜蜜的滋味，从口中甜到心里。果真如同人们常说的那样，吃甜食，心情也会跟着甜蜜起来呢~

每每逛西饼屋，总是对那琳琅满目的各式点心流连不已，甜蜜的椰蓉塔，酥脆的菠菜火腿咸派，酸滑的蓝莓乳酪派，还有那鲜嫩的水果塔……各种甜点甜蜜地靠在一起，让人对它们垂涎不已。

每次都想打包，把它们全部带回家。

现在，这份心愿有了更简单的实现方法。在想念那甜蜜滋味的时候，亲手制作，融入自己的一份心意，是不是更有感觉呢？为挚爱精心准备的适合他（她）口味的甜品，会不会更令人感动呢？

那就走近《塔&派》这本书吧。书中详细介绍了四十多款甜咸塔派的制作方法，文字、美图相得益彰。在这里，你会惊喜地发现，其实，它们的制作方法是那么地简单明了。

为自己亲手制作一份甜点吧，让甜蜜抚慰内心的躁动和寂寞；为亲爱的他（她）做一份甜点吧，把那浓浓的爱意融入其中，让两颗相爱的心更加相融……

目录
CONTENTS

准备 Preparation

1 / 常用材料	/ 9	
2 / 常用工具	/ 12	
3 / 塔派基本知识	/ 14	
4 / 塔派制作注意事项	/ 16	
5 / 塔皮、派皮制作	/ 17	

鲜奶塔皮	/ 17	虾仁派皮	/ 27
麻薯杏仁塔皮	/ 18	葱油酥派皮	/ 28
柳橙塔皮	/ 19	蔬菜派皮	/ 29
小圆点甜派皮	/ 20	综合胡椒派皮	/ 30
薰衣草番茄咸派皮	/ 21	开心果派皮	/ 31
黑芝麻派皮	/ 22	巧克力派皮	/ 32
波浪花纹派皮	/ 23	立体波浪花纹派皮	/ 33
蕾丝花纹派皮	/ 24	麦穗树叶派皮	/ 34
粗线条花纹派皮	/ 25	格子派皮	/ 35
线条花纹派皮	/ 26		

塔
Tarts

草莓酥塔	/ 36	
法式风味乳酪塔	/ 39	
栗子抹茶塔	/ 42	
君度柳橙塔	/ 44	
蛋塔	/ 46	
牛奶草莓塔	/ 48	
椰汁鲜奶塔	/ 51	
冬瓜椰子塔	/ 54	
乳酪蛋塔	/ 57	
杏仁椰蓉塔	/ 60	
洋梨塔	/ 62	
乳酪吉士塔	/ 64	
南瓜紫薯塔	/ 66	
葡式蛋塔	/ 68	
起酥蛋塔	/ 72	
香蕉巧克力塔	/ 75	
巧克力蓝莓塔	/ 78	
樱桃吉士塔	/ 81	
核桃与葡萄干布朗尼塔	/ 84	

派
PIES

蜂蜜核桃派	/ 86	酥菠萝蓝莓派	/ 117
玉桂朗姆苹果派	/ 89	柠檬派	/ 120
国王派	/ 92	苹果派	/ 122
杏仁玉桂苹果派	/ 95	糖渍蜜饯派	/ 125
牛肉乳酪派	/ 97	杏仁栗子派	/ 128
黄桃派	/ 100	洋葱虾仁派	/ 131
焦糖苹果派	/ 103	菠菜火腿咸派	/ 134
蜜豆甜派	/ 106	密西西比派	/ 137
杏仁樱桃派	/ 109	咖啡核桃派	/ 139
南瓜松子核桃派	/ 112	玉米火腿乳酪派	/ 142
帕马森乳酪派	/ 115	洋葱咸派	/ 145

准备
PREPARATION

1／常用材料

/ 基本材料 /

面粉是西点制作中最基础的原料，面粉的质量直接影响着点心的口感，因此，选择高品质的面粉很重要。

面粉是以小麦中含蛋白质的多少来区分的。面粉有高蛋白（即高筋）面粉、中蛋白（即中筋）面粉、低蛋白（即低筋）面粉等。

面粉中的蛋白质称为"面筋"。蛋白质含量在 11.5% 以上的面粉，称为高筋面粉，适合用于一般面包的制作。蛋白质含量在 8.5%～11.5% 的面粉，称为中筋面粉，适合用于制作包子、馒头以及各式中式点心等。蛋白质含量在 8.5% 以下的面粉，称为低筋面粉，适合用于蛋糕的制作。

高筋面粉

颜色较黄，本身较有活性且光滑，不容易用手抓成团状。

低筋面粉

颜色较白，俗称白面粉，容易用手抓成团状。

中筋面粉

| 介于高筋面粉和低筋面粉之间。如果买不到成品的中筋面粉,也可以把高筋面粉和低筋面粉混在一起当做中筋面粉使用。

卡士达粉(吉士粉)

| 主要用来制作卡士达馅,可以用来制作蛋塔等。

　　糖是制作点心的主要原料之一。它不仅可以使点心的滋味更为甜美,而且具有较高的营养价值。同时,在烘烤中,糖还起到调节产品色泽的作用。在面团调制时适当加入食糖,可以调节面筋的胀润度;增强面团的可塑性,使其便于操作;使产品的外形更加美观,花纹清晰;使产品的起发度增强,质地疏松。食糖还是点心制品的防腐剂,在产品中加入糖,可以减少微生物侵染,抑制细菌的繁殖,延长点心的保质期。

　　糖可以分为白砂糖、绵白糖和赤砂糖。本书主要用的是绵白糖。

绵白糖

| 绵白糖又称白糖,是用细粒的白砂糖加一部分转化糖浆加工制成的,它的颗粒与白砂糖相比更为细小,质地绵软。

　　油脂也是制作塔派不可或缺的原料,制作塔派时加入油脂,不仅可提高产品的营养价值,而且对于产品的面团调制、熟制加工、成品储存、产品口味和色泽等均有很大的作用。

黄油 **起酥油**

/ 辅助材料 /

合理地搭配和使用辅助材料,能提高产品的质量,制作出色、香、味、形各不相同的产品。

蛋类

蛋类是制作塔派常用的辅助材料。首先,蛋类能提高塔派的营养价值,为人类提供蛋白质、脂肪、矿物质,以及维生素等多种营养。其次,蛋类可以使制作出的产品变得膨胀、松软。再次,制作中加入蛋类,可以增加产品的蛋香味。最后,蛋类可以改善产品的颜色,美化点心外表。

果仁、果酱类

这类材料加入塔派的馅心和表面,不仅可以提高产品的风味,还可以增加其营养成分,更能黏附在表面,作为产品的装饰。

使用果仁、果酱时要注意,需要去皮的,外皮要去净,以免烘烤时外表色泽过重。还要注意不要用发霉变质的果仁和果酱。

水

水是塔派制作的重要材料之一,是原材料调和、溶解和稀释的热传导液。

制作塔派所使用的水应该是透明、无色、无臭、无有害微生物、无沉淀、软硬适中的符合国家饮用水质标准的水。

2／常用工具

搅拌盆

一般用不锈钢盆,选购时用有深度的盆,上口大、底口小的为好,这样搅拌面粉时不容易溅出来。

打蛋器

搅拌量少的材料及搅拌液体时使用。

网筛

网筛用来把颗粒较粗的粉类筛细,使制作出的点心酥脆,口感更好。

擀面棍

擀面棍形状有长有短、有粗有细,根据所要擀的面团的大小来选择规格。大面团用图中长而大的滚捶,小面皮用图中小的木质的或是塑料的擀面棍即可。

刮板

刮板直线的部分用来切割面团和材料;弧形的部分用来刮取粘在搅拌盆或工作台上的面屑。

毛刷

毛刷质地柔软,可以用来在烘焙前涂抹蛋液,非常方便。

模具

图中小的为塔模、大的为派模,模具分活动的和固定的两种。在使用塔模或派模时都要做涂黄油、撒面粉的工作,以防粘模。

准备

搅拌盆

打蛋器

网筛

擀面棍

刮板

毛刷

固定模

花边固定模

活动模

船形塔模

心形派模

3／塔派基本知识

1. 塔类

基本塔皮面团是混合了低筋面粉、蛋及黄油，充分搓揉后制作而成的。因制作方法及材料的不同，可以分成基本酥面团和甜酥面团。不添加细砂糖，将切成小块的黄油揉搓至低筋面粉中，制成的是基本酥面团；加入了细砂糖，与柔软的黄油揉搓而成的是甜酥面团。不管哪一种面团，都是放入塔模中烘烤，作为塔类或馅饼类糕点的基底使用。

2. 派类

派面团混合了低筋面粉和黄油，将面团推擀成薄且重叠的状态，产生多层的口感。以高温烘烤面团时，黄油融化后的蒸气使空气能够进入各层面团间，让面团因膨胀而产生酥脆的口感。

3. 派皮的装饰花边变化

基本塔皮制作

酥油 100 克 / 绵白糖 70 克 / 鸡蛋 15 克 / 低筋面粉 150 克 / 奶粉 15 克

1. 将酥油、绵白糖搅拌至微发。
2. 分次加入鸡蛋,搅拌均匀。
3. 加入低筋面粉、奶粉拌成面团,松弛 10 分钟。
4. 将面团分成 25 克 / 个,放入塔模内,捏匀。

基本派皮制作

低筋面粉 105 克 / 白奶油 50 克 / 水 30 克 / 盐 1 克

1. 将低筋面粉过筛后做成粉墙状。
2. 加入白奶油、水、盐,以压拌的方式拌成面团,松弛 20 分钟。
3. 将松弛完成的面团擀开至 3 毫米厚。
4. 将面皮放在派盘上,用手稍做修整。擀好的面皮应该呈圆形,面皮比派盘开口直径大 4 厘米以上。
5. 用擀面棍在派盘上擀压,把多余的面皮擀下来。

4／塔派制作注意事项

1. 面粉使用前必须过筛，并根据季节的不同而保持恒温

　　面粉过筛能够清除面粉加工过程中混进的杂物，保证面粉的干净安全。同时，在过筛过程中，能去除面粉中的硬块，面粉内也能充入部分气体，使面粉形成微小的颗粒，调制面团时，更便于操作，使最终产品更加疏松。

2. 鲜蛋在使用前应该清洗、消毒

　　使用鸡蛋前要注意把鸡蛋清洗干净。打蛋时，要注意防止将蛋壳磕入蛋液内，以免产品有异味和杂质。

　　判断鸡蛋是否新鲜的方法：将鸡蛋放于冷水中，如果鸡蛋平睡于杯底则表示新鲜，如果鸡蛋有一头垂直于杯底则表示不太新鲜，如果鸡蛋完全上浮而不沉底则表示这个鸡蛋非常不新鲜，这种不新鲜的鸡蛋不能用来做西点。

5／塔皮、派皮制作

鲜奶塔皮

面团材料

无盐黄油 70 克／绵白糖 25 克／盐 1 克／淡奶油 40 克／低筋面粉 140 克

制作过程

1. 将无盐黄油、绵白糖、盐放在操作台上拌至乳化状。
2. 将淡奶油（湿性材料）分次加入步骤 1 中搅拌均匀。
3. 将过筛的低筋面粉和步骤 2 一起搅拌成团。
4. 将步骤 3 用保鲜膜包住，常温松弛 30 分钟左右。
5. 将松弛好的步骤 4 擀开至约 0.4 厘米厚（或者分割成 15 克／个），放在模具中捏均匀。
6. 将步骤 5 边缘多余的面团削掉。
7. 在步骤 6 的上面放上白纸并压上绿豆。
8. 将步骤 7 放入烤箱，以上下火 170℃／150℃ 约烤 8 分钟，至上口边缘上色后取掉白纸和绿豆，稍微冷却脱模即可。

麻薯杏仁塔皮

面团材料

黄油 100 克 / 糖粉 50 克 / 水 50 克 / 麻薯粉 100 克 / 玉米淀粉 50 克 / 杏仁粉 50 克 / 黑芝麻 10 克

制作过程

1. 将黄油和糖粉放在操作台上拌至微发。
2. 将麻薯粉、玉米淀粉和杏仁粉加入步骤 1 中拌至松散状。
3. 将黑芝麻加入步骤 2 中,搅拌均匀。
4. 将水加入步骤 3 中,以压拌的方式拌成面团状,然后松弛 10 分钟左右。
5. 将步骤 4 分割成 15 克 / 个,一面沾上面粉,然后放在模具中捏均匀。
6. 在步骤 5 的中间用竹扦打孔,然后垫上白纸,再放上绿豆摆入烤盘。
7. 将步骤 6 放入烤箱,以上下火 180℃ /160℃ 约烤 10 分钟,将白纸和绿豆取出,再烤至金黄色,稍微冷却脱模即可。

柳橙塔皮

面团材料

低筋面粉 230 克 / 盐 1 克 / 糖粉 40 克 / 蛋黄 25 克 / 水 55 克 / 无盐黄油 115 克 / 橙皮 20 克

制作过程

1. 将橙皮内部的白色一层取掉，再切成 5 厘米×1 厘米左右的长条备用。
2. 将无盐黄油和盐混合拌至微发，然后加入蛋黄和水充分搅拌均匀。
3. 在步骤 2 中加入过筛的低筋面粉搅拌成团。
4. 将步骤 3 盖上保鲜膜，然后松弛 20 分钟。
5. 将松弛好的步骤 4 用擀面棍擀开，约 0.4 厘米厚。
6. 将步骤 5 放在模具中捏均匀，把多余的面皮削掉。
7. 将备用的步骤 1 放在步骤 6 的内部，并压进面皮中。
8. 在步骤 7 的内部盖上白纸，再压放上绿豆。
9. 将步骤 8 放入烤箱，以上下火 180℃/160℃ 约烤 10 分钟，取掉白纸和绿豆，再烤 8 分钟左右，取出脱模冷却。

小圆点甜派皮

面团材料

低筋面粉 200 克 / 蛋黄 1 个 / 水 25 克 / 盐 1 克 / 无盐黄油 100 克 / 绵白糖 65 克

制作过程

1. 将无盐黄油、绵白糖和盐放在操作台上拌至微发,接着将蛋黄和水分次加入,充分搅拌均匀。
2. 将过筛的低筋面粉加入步骤 1 中,以压拌折叠的方式拌成面团状。
3. 将步骤 2 用保鲜膜包住,放入冰箱冷藏松弛 30 分钟。
4. 将松弛好的步骤 3 用擀面棍擀开,约 0.5 厘米厚。
5. 在擀好的步骤 4 的上面放上派盘,然后翻过来。
6. 将步骤 5 压平,然后将边缘多余的面皮用刀具削掉,并将面皮捏均匀。
7. 将步骤 6 用直径 1 厘米的圆形裱花嘴在边缘处压印成形。
8. 在步骤 7 的内部中间用竹扦打孔。

薰衣草番茄咸派皮

面团材料

低筋面粉 200 克 / 盐 2 克 / 蛋黄 1 个 / 水 30 克 / 无盐黄油 100 克 / 番茄干 10 粒 / 薰衣草 5 克

制作过程

1. 将无盐黄油、盐放在一起拌至微发，然后分次加入事先拌匀的蛋黄和水搅拌均匀。
2. 将过筛的低筋面粉加入步骤 1 中搅拌成团，松弛 5 分钟。
3. 将松弛好的步骤 2 盖上保鲜膜，然后擀开，约 0.4 厘米厚。
4. 将活动不粘派盘扣在步骤 3 的上面，一只手放在面皮的下面，另一只手放在派盘的底部，然后翻过来。
5. 将步骤 4 内部压均匀，并将边缘的面皮压掉。
6. 将步骤 5 的边缘用手捏均匀，并在底部压放上番茄干。
7. 在步骤 6 的中间撒上薰衣草。
8. 在步骤 7 的中间垫上白纸，再放上绿豆，放入烤箱以上下火 180℃ / 160℃约烤 10 分钟，再将白纸和绿豆取掉，烤至金黄色即可。

黑芝麻派皮

面团材料

低筋面粉 200 克 / 盐 1.2 克 / 绵白糖 30 克 / 无盐黄油 100 克 / 淡奶油 40 克 / 黑芝麻 20 克 / 模具用黄油适量

制作过程

1. 将模具用的黄油加热至融化,然后用毛刷刷在模具上,再在模具上撒上适量的面粉,并将多余的面粉倒出。
2. 将无盐黄油、绵白糖和盐混合拌至微发。
3. 在步骤 2 中加入淡奶油,充分搅拌均匀。
4. 将过筛的低筋面粉加入步骤 3 搅拌成团。
5. 在步骤 4 中加入黑芝麻搅拌均匀,松弛 15 分钟。
6. 将松弛好的步骤 5 包上保鲜膜,然后擀开至约 0.4 厘米厚。
7. 在擀好的步骤 6 的上面放上派盘,然后翻过来将面皮捏均匀。
8. 在步骤 7 的上面垫上白纸并压上绿豆。
9. 将步骤 8 放入烤箱,以上下火 180℃/160℃约烤 25 分钟,取出后将白纸和绿豆取掉即可。

准 备

波浪花纹派皮

面团材料

低筋面粉 180 克 / 蛋黄 1 个 / 水 22 克 / 盐 0.5 克 / 无盐黄油 90 克 / 绵白糖 60 克 / 模具用黄油适量

制作过程

1. 将模具用的黄油加热至融化,然后刷在派盘上。
2. 在步骤 1 的派盘上面撒上面粉,并把多余的面粉倒出去。
3. 将无盐黄油、绵白糖和盐放在操作台上拌至微发,接着将蛋黄和水分次加入,充分搅拌均匀。
4. 将过筛的低筋面粉加入步骤 3 中,以压拌的方式拌成面团状,用保鲜膜包住冷藏松弛 25 分钟。
5. 将松弛好的步骤 4 用保鲜膜盖住,然后用擀面棍擀开,约 0.4 厘米厚。
6. 在擀好的步骤 5 的上面放上派盘,然后翻过来。
7. 将步骤 6 压平,然后将边缘多余的面皮用刮板削掉。
8. 用手指将步骤 7 的边缘处捏均匀。
9. 将步骤 8 用手指捏出均匀的花纹状(一只手的食指压住派皮内侧的边缘,另一只手的拇指和食指捏住外侧边缘,轻轻捏出花纹)。

蕾丝花纹派皮

面团材料

低筋面粉 180 克 / 蛋黄 3 个 / 盐 0.5 克 / 无盐黄油 90 克 / 糖粉 60 克 / 模具用黄油适量

制作过程

1. 将模具用的黄油加热至融化，然后刷在派盘上。
2. 在步骤 1 的派盘上面撒上面粉，并把多余的面粉倒出去。
3. 将无盐黄油、糖粉和盐放在操作台上拌至微发，接着将蛋黄分次加入，充分搅拌均匀。
4. 将过筛的低筋面粉加入步骤 3 中，以压拌的方式拌成面团状，用保鲜膜包住松弛 15 分钟。
5. 将松弛好的步骤 4 用保鲜膜盖住，然后用擀面棍擀开，约 0.4 厘米厚。
6. 在擀好的步骤 5 的上面放上派盘，然后翻过来。
7. 将步骤 6 压平，然后将边缘多余的面皮用刮板削掉。
8. 用手指将步骤 7 边缘处捏均匀。
9. 用汤匙将步骤 8 压出花纹（将汤匙朝下，利用汤匙的尖端依序由内向外等距离压出花纹）。

粗线条花纹派皮

面团材料

低筋面粉 180 克 / 蛋黄 3 个 / 盐 0.5 克 / 无盐黄油 90 克 / 糖粉 60 克 / 模具用黄油适量

制作过程

1. 将模具用的黄油直火加热至融化，然后刷在派盘上。
2. 在步骤 1 的派盘上面撒上面粉，并把多余的面粉倒出去。
3. 将无盐黄油、糖粉和盐放在操作台上拌至微发，接着将蛋黄分次加入，充分搅拌均匀。
4. 将过筛的低筋面粉加入步骤 3 中，以压拌的方式搅拌成面团状。
5. 将步骤 4 用保鲜膜包住，松弛 15 分钟。
6. 将松弛好的步骤 5 用保鲜膜盖住，然后用擀面棍擀开，约 0.5 厘米厚。
7. 在擀好的步骤 6 的上面放上派盘，然后翻过来。
8. 将步骤 7 压平，然后将边缘多余的面皮用刀具削掉。
9. 用筷子将步骤 8 压出花纹（利用筷子较粗的一端压出粗线条花纹）。

线条花纹派皮

面团材料

低筋面粉 180 克 / 蛋黄 1 个 / 水 22 克 / 盐 0.5 克 / 无盐黄油 90 克 / 绵白糖 60 克 / 模具用黄油适量

制作过程

1. 将模具用的黄油加热至融化,然后刷在派盘上。
2. 在步骤 1 的派盘上面撒上面粉,并把多余的面粉倒出去。
3. 将无盐黄油、绵白糖和盐放在操作台上拌至微发,接着将蛋黄和水分次加入,充分搅拌均匀。
4. 将过筛的低筋面粉加入步骤 3 中,以压拌的方式拌成面团状,用保鲜膜包住,冷藏松弛 25 分钟。
5. 将松弛好的步骤 4 用保鲜膜盖住,然后用擀面棍擀开,约 0.4 厘米厚。
6. 在擀好的步骤 5 的上面放上派盘,然后翻过来。
7. 将步骤 6 压平,然后将边缘多余的面皮用刮板削掉。
8. 用手指将步骤 7 的边缘处捏均匀。
9. 将步骤 8 用刮板压出花纹状即可。

虾仁派皮

面团材料

低筋面粉 150 克／蛋黄 1 个／黄油 100 克／糖粉 50 克／虾仁 40 克／模具用黄油适量

制作过程

1. 将模具用的黄油加热至融化，然后刷在派盘上，再撒上面粉，并把多余的面粉倒出去。
2. 将黄油、糖粉放在操作台上拌至微发。
3. 将蛋黄分次加入步骤 2 中充分搅拌均匀。
4. 将过筛的低筋面粉加入步骤 3 中，以压拌的方式拌成面团状。
5. 将虾仁加入步骤 4 中搅拌均匀，再松弛 30 分钟。
6. 将松弛好的步骤 5 用保鲜膜盖住，然后用擀面棍擀开，约 0.5 厘米厚。
7. 在擀好的步骤 6 的上面放上派盘，然后翻过来。
8. 将步骤 7 边缘多余的面皮压掉，并将保鲜膜取掉。
9. 在步骤 8 的上面盖上白纸，再压上绿豆后放入烤盘。
10. 将步骤 9 放入烤箱以上下火 180℃／170℃ 约烤 15 分钟，然后取掉白纸和绿豆，再烤 10 分钟左右至表面金黄色，冷却脱模即可。

葱油酥派皮

面团材料

低筋面粉 150 克 / 蛋黄 1 个 / 黄油 100 克 / 糖粉 50 克 / 葱油酥 50 克 / 模具用黄油适量

制作过程

1. 将模具用的黄油加热至融化,然后刷在派盘上,再撒上面粉,并把多余的面粉倒出去。
2. 将黄油、糖粉放在操作台上拌至微发。
3. 将蛋黄分次加入步骤 2 中充分搅拌均匀。
4. 将过筛的低筋面粉加入步骤 3 中,以压拌的方式拌成面团状。
5. 将 2/3 的葱油酥加入步骤 4 中搅拌均匀,再松弛 20 分钟。
6. 将松弛好的步骤 5 用保鲜膜盖住,然后用擀面棍擀开,约 0.5 厘米厚。
7. 在擀好的步骤 6 的上面放上派盘,然后翻过来。
8. 将步骤 7 边缘多余的面皮压掉,并将保鲜膜取掉,用手将面皮捏均匀。
9. 将剩余的 1/3 葱油酥撒在步骤 8 的上面。
10. 在步骤 9 的上面盖上白纸,再压上绿豆后放入烤盘。
11. 将步骤 10 放入烤箱,以上下火 180℃/170℃约烤 15 分钟,然后取掉白纸和绿豆,再烤 10 分钟左右至表面金黄色,冷却脱模即可。

蔬菜派皮

面团材料

低筋面粉 150 克 / 蛋黄 1 个 / 黄油 100 克 / 糖粉 50 克 / 菠菜 30 克 / 模具用黄油适量

制作过程

1. 将模具用的黄油加热至融化，然后刷在派盘上，再撒上面粉，并把多余的面粉倒出去。
2. 将黄油、糖粉放在操作台上拌至微发。
3. 将蛋黄分次加入步骤2中充分搅拌均匀。
4. 将过筛的低筋面粉加入步骤3中，以压拌的方式拌成面团状。
5. 将菠菜加入步骤4中搅拌均匀，再松弛20分钟。
6. 将松弛好的步骤5用保鲜膜盖住，然后用擀面棍擀开，约0.5厘米厚。
7. 在擀好的步骤6的上面放上派盘，然后翻过来。
8. 将步骤7边缘多余的面皮压掉，并将保鲜膜取掉，用手将面皮捏均匀。
9. 在步骤8的上面盖上白纸，再压上绿豆后放入烤盘。
10. 将步骤9放入烤箱，以上下火180℃/170℃约烤15分钟，然后取掉白纸和绿豆，再烤10分钟左右至表面金黄色，冷却脱模即可。

综合胡椒派皮

面团材料

低筋面粉 150 克 / 蛋黄 1 个 / 黄油 100 克 / 糖粉 50 克 / 综合胡椒粒 20 克 / 模具用黄油适量

制作过程

1. 将模具用的黄油加热至融化,然后刷在派盘上,再撒上面粉,并把多余的面粉倒出去。
2. 将黄油、糖粉放在操作台上拌至微发。
3. 将蛋黄分次加入步骤 2 中充分搅拌均匀。
4. 将过筛的低筋面粉加入步骤 3 中,以压拌的方式拌成面团状。
5. 将综合胡椒粒加入步骤 4 中搅拌均匀,再松弛 20 分钟。
6. 将松弛好的步骤 5 用保鲜膜盖住,然后用擀面棍擀开,约 0.5 厘米厚。
7. 在擀好的步骤 6 的上面放上派盘,然后翻过来。
8. 将步骤 7 边缘多余的面皮压掉,并将保鲜膜取掉,用手将面皮捏均匀。
9. 在步骤 8 的上面盖上白纸,再压上绿豆后放入烤盘。
10. 将步骤 9 放入烤箱,以上下火 180℃ /170℃ 约烤 15 分钟,然后取掉白纸和绿豆,再烤 10 分钟左右至表面金黄色,冷却脱模即可。

开心果派皮

面团材料

黄油 100 克 / 低筋面粉 150 克 / 糖粉 50 克 / 开心果碎 50 克 / 蛋黄 1 个 / 模具用黄油适量

制作过程

1. 将模具用的黄油加热至融化，然后刷在派盘上，再撒上面粉，并把多余的面粉倒出去。
2. 将黄油、糖粉放在操作台上拌至微发。
3. 将蛋黄分次加入步骤 2 中充分搅拌均匀。
4. 将过筛的低筋面粉加入步骤 3 中，以压拌的方式拌成面团状。
5. 将开心果碎加入步骤 4 中搅拌均匀，再松弛 30 分钟。
6. 将松弛好的步骤 5 用保鲜膜盖住，然后用擀面棍擀开，约 0.4 厘米厚。
7. 在擀好的步骤 6 的上面放上派盘，然后翻过来。
8. 将步骤 7 边缘多余的面皮压掉，并将保鲜膜取掉，用手将面皮捏均匀。
9. 在步骤 8 的上面盖上白纸，再压上绿豆后放入烤盘。
10. 将步骤 9 放入烤箱，以上下火 180℃/170℃ 约烤 15 分钟，然后取掉白纸和绿豆，再烤 10 分钟左右至表面金黄色，冷却脱模即可。

巧克力派皮

面团材料

低筋面粉 180 克／盐 1.2 克／可可粉 30 克／糖粉 50 克／蛋黄 3 个／无盐黄油 100 克／模具用黄油适量

制作过程

1. 将模具用的黄油加热至融化，刷在模具上，然后撒上面粉，再将多余的面粉倒出来。
2. 将无盐黄油、盐和糖粉混合拌至微发，然后分次加入蛋黄充分搅拌均匀。
3. 在步骤 2 中加入过筛的低筋面粉，搅拌成团状。
4. 加入过筛的可可粉充分搅拌均匀，松弛 10 分钟。
5. 将松弛好的步骤 4 包上保鲜膜，用擀面棍擀开至 0.4 厘米厚。
6. 在步骤 5 的上面放上模具，然后翻过来压平，将边缘多余的面皮压掉，再用手将面皮捏均匀。
7. 将步骤 6 摆入烤盘，并在底部打孔后盖上白纸，再压上绿豆。
8. 将步骤 7 放入烤箱，以上下火 180℃／160℃约烤 10 分钟。再将白纸和绿豆取掉，继续烘烤约 10 分钟，稍微冷却脱模即可。

立体波浪花纹派皮

面团材料

黄油 100 克 / 低筋面粉 150 克 / 糖粉 50 克 / 蛋黄 1 个

制作过程

1. 将黄油、糖粉放在操作台上拌至微发,接着将蛋黄分次加入,充分搅拌均匀。
2. 将过筛的低筋面粉加入步骤 2 中,以压拌的方式拌成面团状。
3. 将步骤 2 包上保鲜膜,常温松弛 30 分钟。
4. 将松弛好的步骤 3 用保鲜膜盖住,然后用擀面棍擀开,约 0.4 厘米厚。
5. 在擀好的步骤 4 的上面放上派盘,然后翻过来。
6. 将步骤 5 的保鲜膜取掉,再用手将面皮压平。
7. 将步骤 6 边缘多余的面皮用刀削掉,用手将面皮捏均匀。
8. 将步骤 7 用手指捏出立体花纹(左右两手的食指分别放在面皮两侧,指尖前后交错地挤出波浪纹)。

塔 & 派

麦穗树叶派皮

面团材料

黄油 100 克 / 低筋面粉 150 克 / 糖粉 50 克 / 蛋黄 1 个

制作过程

1. 将黄油、糖粉放在操作台上拌至微发，接着将蛋黄分次加入，充分搅拌均匀。
2. 将过筛的低筋面粉加入步骤 1 中，以压拌的方式拌成面团状。
3. 将步骤 2 包上保鲜膜，常温松弛 30 分钟。
4. 将松弛好的步骤 3 用保鲜膜盖住，然后用擀面棍擀开，约 0.4 厘米厚。
5. 在擀好的步骤 4 的上面放上派盘，然后翻过来。
6. 将步骤 5 的保鲜膜取掉，再用手将面皮压平。
7. 将步骤 6 边缘多余的面皮用刀削掉，备用。
8. 将步骤 7 削掉的面团擀开，约 0.4 厘米厚，然后用树叶形压模压成树叶形。
9. 在步骤 7 的边缘处刷上水（或者蛋清）。
10. 在步骤 9 的边缘处，将步骤 8 摆上（一片压一片地摆成麦穗形）。

准 备

格子派皮

面团材料

低筋面粉 200 克 / 蛋黄 1 个 / 水 25 克 / 盐 1 克 / 无盐黄油 100 克 / 糖粉 65 克

制作过程

1. 将无盐黄油、糖粉和盐放在操作台上拌至微发，接着将蛋黄和水分次加入，充分搅拌均匀。
2. 将过筛的低筋面粉加入步骤 1 中，以压拌折叠的方式拌成面团状。
3. 将步骤 2 用保鲜膜包住，放入冰箱冷藏松弛 30 分钟。
4. 将松弛好的步骤 3 用擀面棍擀开，约 0.5 厘米厚。
5. 在擀好的步骤 4 的上面放上派盘，然后翻过来。
6. 将步骤 5 压平，再撕掉保鲜膜，然后将边缘多余的面皮用刀具削掉。
7. 用刀具在步骤 6 边缘处等距切出约 1 厘米宽的面段。
8. 将步骤 7 的面段交错向内部折叠，并轻压定形。

塔
TARTS

草莓酥塔

/ 此材料可以制作 12 个 /

塔皮

低筋面粉 150 克 / 盐 1 克 / 水 70 克 / 酥油 40 克 / 片状起酥油 100 克

馅料

草莓 6 个 / 蛋黄 1 个 / 绵白糖 20 克 / 淡奶油 100 克 / 酥油 5 克 / 牛奶香粉 2 克 / 玉米淀粉 5 克 / 低筋面粉 5 克

塔皮制作过程

1. 将低筋面粉过筛后做成粉墙状。
2. 加入盐、酥油和水,拌至面团状,松弛 30 分钟。
3. 另取片状起酥油擀压成四方形备用。
4. 将步骤 2 的面团擀开,呈四方形,比片状起酥油大 1 倍。将片状起酥油放在面皮上面,包起来,擀开。
5. 以折叠 4 层的方式擀开面皮,连续 3 次,然后松弛 1 小时。
6. 将松弛完成的酥皮面团擀开,约 2.5 毫米厚。
7. 用有花纹的圆形压模压出小面片。
8. 取一半小面片用圆形的瓶盖在中间压一个小孔。
9. 将有小孔的面皮放在没有小孔的面皮上面。
10. 在表面刷上鸡蛋液。
11. 放入烤箱烘烤,以上下火 180℃ /180℃ 烘烤大约 20 分钟。

馅料制作过程

1. 将蛋黄、绵白糖搅拌至糖化,加入低筋面粉、玉米淀粉和牛奶香粉搅拌均匀,备用。
2. 将淡奶油煮开后,加入备用的面糊,边煮边搅拌至浓稠状,倒入酥油搅拌均匀即可。

综合制作过程

1. 取出烤好的塔皮,在有小孔的地方挤上馅料。
2. 将草莓切成两半,摆在步骤 1 的表面做装饰即可。

法式风味乳酪塔

塔皮

无盐黄油 60 克／糖粉 30 克／
蛋黄 1 个／水 1 小匙／低筋面粉 110 克

馅料

奶油奶酪 140 克／白砂糖 40 克／巧克力 100 克／
柳橙皮半个／柳橙汁 50 克／君度橙酒 10 克

装饰

开心果少许／柳橙皮适量

塔 & 派

塔皮制作过程

1. 将无盐黄油软化,加入糖粉搅拌均匀。
2. 加入蛋黄,充分搅拌均匀。
3. 加入水,充分搅拌均匀。
4. 加入过筛后的低筋面粉,拌成面团状。
5. 将面团用保鲜膜包住,放入冰箱冷藏松弛1小时。
6. 取出面团,用擀面棍将面团擀成厚度约0.4厘米的面皮。
7. 将面皮铺在塔模上,去除多余的部分。
8. 修整面皮,在其内部打上小孔。
9. 用竹扦在边缘的地方打上小孔。
10. 取一张白纸铺在面皮表面。
11. 在纸的上面放一些杏仁碎。
12. 以上下火200℃/200℃烘烤大约20分钟,取出后将白纸和杏仁碎取出即可。

综合制作过程

1. 将奶油奶酪隔水加热软化,加入白砂糖搅拌均匀。
2. 将巧克力隔水加热融化,加入步骤1中搅拌。
3. 加入柳橙汁搅拌均匀,过滤。
4. 把柳橙皮刨成碎粒加入到步骤3中,搅拌均匀。
5. 加入君度橙酒,搅拌均匀。
6. 将步骤5倒入派皮中,放入冰箱冷冻凝固。
7. 在表面装饰上削皮刨出的柳橙丝和开心果。

栗子抹茶塔

/ 此材料可以制作 12 个 /

塔皮

黄油 100 克 / 糖粉 50 克 / 水 50 克 / 麻薯粉 100 克 / 玉米淀粉 50 克 / 杏仁粉 50 克 / 黑芝麻 10 克

馅料

抹茶粉 5 克 / 无糖豆浆 100 克 / 绵白糖 30 克 / 淡奶油 100 克 / 吉利丁粉 5 克 / 水 15 克

装饰

砂糖适量 / 茶叶适量 / 栗子粒适量

塔皮制作过程

参照 P18 麻薯杏仁塔皮制作。

馅料制作过程

1. 将吉利丁粉和水混合搅拌均匀，备用。
2. 将无糖豆浆和绵白糖倒入加热容器中，加热煮至糖溶化。
3. 将步骤1加入步骤2中煮沸。
4. 将抹茶粉加入步骤3中，再以边煮边搅的方式煮至黏稠。
5. 待步骤4冷却后，加入打发的淡奶油。
6. 将步骤5充分混合均匀，备用。

综合制作过程

1. 将做好的馅料装入裱花袋中，挤在做好的塔皮里，约九分满。
2. 在步骤1的表面放上两颗栗子粒。
3. 在步骤2的表面撒上适量的砂糖。
4. 在步骤3的表面撒上适量的茶叶即可。

君度柳橙塔

/ 此材料可以制作 12 个 /

塔皮

低筋面粉 230 克 / 盐 1 克 / 糖粉 40 克 /
蛋黄 25 克 / 水 55 克 / 无盐黄油 115 克 /
橙皮 20 克

馅料

蛋黄 1 个 / 绵白糖 A 25 克 / 牛奶 100 克 /
低筋面粉 10 克 / 牛奶香粉 1.5 克 / 黄油 10 克 /
淡奶油 100 克 / 绵白糖 B 10 克 / 君度橙酒 5 克

装饰

柳橙 1 个 / 镜面果胶适量

塔皮制作过程

参照 P19 柳橙塔皮制作。

馅料制作过程

1. 将蛋黄和绵白糖 A 放在一个容器中，搅拌至微发，备用。
2. 将牛奶放在加热容器中加热煮沸。
3. 将步骤 2 趁热慢慢加入步骤 1 中搅拌均匀。
4. 将过筛的低筋面粉和牛奶香粉加入步骤 3 中，充分搅拌均匀。
5. 将步骤 4 以边煮边搅的方式煮至糊状。
6. 将黄油加入步骤 5 中，搅拌至融化并且均匀，冷却备用。
7. 将淡奶油和绵白糖 B 一起搅拌打发。
8. 将君度橙酒加入步骤 7 中搅拌均匀。
9. 将冷却的步骤 6 加入步骤 8 中，充分搅拌均匀即可。

综合制作过程

1 将做好的馅料放在烤好的塔皮中，约八分满，并使中间稍微高一点。
2 将柳橙果肉摆在步骤 1 的上面，最后在表面刷上镜面果胶并放上几个柳橙皮即可。

蛋塔

/ 此材料可以制作 12 个 /

塔皮

无盐黄油 100 克 / 绵白糖 25 克 / 盐 1 克 /
淡奶油 40 克 / 低筋面粉 140 克

馅料

蛋黄 2 个 / 绵白糖 30 克 / 玉米淀粉 10 克 /
低筋面粉 10 克 / 牛奶 130 克 / 白砂糖 7 克 / 香草粉 1 克

装饰

蜂蜜（或镜面果胶）适量

塔皮制作过程

参照 P17 鲜奶塔皮步骤 1~ 步骤 6 制作。

馅料制作过程

1. 将蛋黄和绵白糖混合,搅拌均匀。
2. 将低筋面粉和玉米淀粉加入步骤1中,充分搅拌均匀备用。
3. 将牛奶和白砂糖倒在加热容器中混合,加热至沸腾。
4. 将步骤3趁热慢慢倒入步骤2中搅拌均匀,再倒回加热容器中。
5. 将步骤4以边煮边搅的方式煮至糊状,晾凉备用。

综合制作过程

1. 将冷却的馅料装入裱花袋中,然后挤入做好的塔皮中,约九分满。
2. 将步骤1摆入烤盘,放入烤箱以上下火180℃/180℃约烤25分钟。
3. 取出步骤2后趁热刷上蜂蜜或者镜面果胶。
4. 将步骤3脱模即可。

牛奶草莓塔

塔皮

酥油 100 克 / 盐 1.5 克 / 绵白糖 50 克 / 鸡蛋 1 个 / 杏仁粉 30 克 / 低筋面粉 170 克

馅料

鸡蛋 1 个 / 绵白糖 35 克 / 牛奶 100 克 / 黄油 10 克 / 低筋面粉 20 克 / 淡奶油 100 克

装饰

白巧克力 50 克 / 草莓 5 个

塔皮制作过程

1. 将酥油、绵白糖和细盐放在操作台上拌至乳化状。
2. 将鸡蛋分次加入步骤1中搅拌均匀。
3. 将过筛的低筋面粉和杏仁粉加入步骤2中,一起拌匀成团。
4. 将步骤3用保鲜膜包住,冷藏松弛15分钟。
5. 将松弛好的面团分割成15克/个。
6. 将步骤5放在模具中捏均匀,再把边缘多余的面团削掉。
7. 在步骤6的上面放上白纸并压上绿豆。
8. 将步骤7放入烤箱,以上下火170℃/150℃约烤8分钟,至上口边缘上色后取掉白纸和绿豆,再继续烘烤至内部金黄色,稍微冷却脱模即可。

馅料制作过程

1. 将鸡蛋和绵白糖搅拌至微发,加入低筋面粉搅拌均匀备用。
2. 将牛奶放在加热容器中,加入黄油加热煮沸。
3. 将步骤2趁热慢慢加入步骤1中搅拌均匀,再倒回加热容器中。
4. 将步骤3以边煮边搅的方式煮至糊状,冷却备用。
5. 将淡奶油打发后加入步骤4中混合,搅拌均匀即可。

塔 & 派

综合制作过程

1. 将白巧克力切碎，装入裱花袋中，放在热水中隔水加热融化，备用。
2. 将步骤 1 挤在塔皮中，再用手指涂抹均匀。
3. 将做好的馅料挤在步骤 2 中，并使中间稍微高一点。
4. 将新鲜草莓切成四份，交错摆在步骤 3 的上面。

椰汁鲜奶塔

水油皮

中筋面粉 135 克 / 鸡蛋 50 克 / 白奶油 40 克 / 水 53 克 / 绵白糖 5 克

油酥

黄油 200 克 / 白奶油 68 克 / 低筋面粉 135 克

蛋塔液

绵白糖 100 克 / 白开水 50 克 / 鸡蛋 1 个 / 淡奶油 100 克 / 椰浆 50 克

塔 & 派

水油皮制作过程

1. 将中筋面粉做成粉墙状，然后分别加入白奶油、绵白糖、水和鸡蛋。
2. 将步骤1混合揉至面团表面光滑。
3. 将步骤2用保鲜膜包住，常温松弛15分钟，备用。

油酥制作过程

1. 将黄油、低筋面粉和白奶油一起放在操作台上。
2. 将步骤1充分混合均匀揉成团。
3. 将步骤2用保鲜膜包住，放入冰箱冷藏备用。

蛋塔液制作过程

1. 将鸡蛋、淡奶油和椰浆放在容器中混合，搅拌均匀。
2. 倒入绵白糖，然后加入白开水搅拌至糖溶化。
3. 将步骤2倒入步骤1中搅拌均匀。
4. 将步骤3用细网筛过滤一次后即成蛋塔液。

塔

综合制作过程

1. 将松弛好的水油皮擀开,再将做好的油酥放在上面。
2. 用水油皮包住油酥。
3. 将步骤 2 擀开,以两折三层折叠一次,再用保鲜膜包住后松弛 15 分钟。
4. 将步骤 3 重复擀开折叠两次,每次折叠后都要松弛 15 分钟左右。
5. 将步骤 4 擀开,约 0.7 厘米厚,放入冰箱冷藏松弛 30 分钟。
6. 将步骤 5 取出,用圆形压模压印成型,再放到塔模中捏均匀。
7. 将做好的步骤 6 摆入烤盘,然后倒入蛋塔液,约八分满。
8. 将步骤 7 放入烤箱烘烤,以上下火 220℃ /240℃约烤 15 分钟。
9. 将步骤 8 稍微冷却即可脱模。

冬瓜椰子塔

/ 此料可以制作 12 个 /

塔皮

酥油 50 克 / 黄油 25 克 / 绵白糖 25 克 /
低筋面粉 125 克

馅料

糖冬瓜 50 克 / 椰蓉 95 克 / 绵白糖 95 克 / 奶粉 3 克 /
低筋面粉 30 克 / 黄油 45 克 / 鸡蛋 80 克 / 牛奶 100 克

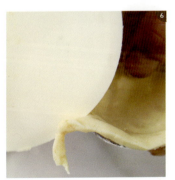

塔皮制作过程

1. 将酥油、黄油和绵白糖一起拌至微发。
2. 将过筛的低筋面粉加入步骤 1 中拌成面团状。
3. 将做好的步骤 2 松弛 20 分钟。
4. 将松弛好的步骤 3 分割成 15～20 克/个。
5. 将分割好的步骤 4 一面沾上面粉，将带面粉的一面朝上放在塔模中捏均匀。
6. 将步骤 5 边缘多余的面团用刮板削掉。

馅料制作过程

1. 将糖冬瓜切成小丁后和椰蓉、绵白糖、奶粉、低筋面粉一起混合,搅拌均匀。

2. 将黄油加入步骤1中,用手搓匀。

3. 将鸡蛋和牛奶加入步骤2中。

4. 将步骤3充分搅拌均匀,备用。

综合制作过程

1. 将做好的馅料用汤匙挖出,放在做好的塔皮中,约九分满。

2. 将步骤1轻振几下后摆入烤盘。

3. 将步骤2放入烤箱,以上下火180℃/160℃约烤20分钟取出,稍微冷却后脱模即可。

乳酪蛋塔

塔皮

低筋面粉 200 克 / 盐 1.2 克 / 绵白糖 30 克 / 无盐黄油 100 克 / 淡奶油 40 克 / 蓝莓方粒 30 克 / 模具用黄油适量

馅料

奶油奶酪 100 克 / 绵白糖 30 克 / 鸡蛋 1 个 / 低筋面粉 15 克 / 淡奶油 50 克 / 柠檬汁 8 克

装饰

蓝莓果粒果酱适量 / 糖粉适量

塔皮制作过程

1. 将模具用的黄油加热融化，然后用毛刷刷在模具上，再在模具上撒上适量的面粉，并将多余的面粉倒出。
2. 将无盐黄油、绵白糖和盐混合拌至微发。
3. 加入淡奶油，充分搅拌均匀。
4. 将过筛的低筋面粉加入步骤 3 中搅拌均匀成团。
5. 加入蓝莓方粒搅拌均匀，松弛 20 分钟。
6. 将松弛好的步骤 5 包上保鲜膜，擀开约 0.5 厘米厚。
7. 在步骤 6 上面放上塔模，然后翻过来压平，将边缘多余的面皮用刀具削掉。

馅料制作过程

1. 将奶油奶酪放在容器中搅拌软化。
2. 将绵白糖加入步骤 1 搅拌至微发。
3. 将鸡蛋分次加入步骤 2 中搅拌均匀。
4. 将过筛的低筋面粉加入步骤 3 中搅拌均匀。
5. 将淡奶油加入步骤 4 中搅拌均匀。
6. 将柠檬汁加入步骤 5 中充分搅拌均匀。

塔

综合制作过程

1. 将蓝莓果粒果酱舀在做好的塔皮中。
2. 将做好的馅料舀在步骤 1 的上面，约九分满。
3. 将步骤 2 轻振几下，摆入烤盘。
4. 将步骤 3 放入烤箱，以上下火 170℃ /150℃ 约烤 30 分钟，冷却后在表面 1/2 的位置上筛上适量的糖粉即可。

杏仁椰蓉塔

/ 此材料可以制作 28 个 /

水油皮

中筋面粉 280 克 / 水 150 克 / 牛奶香粉 2 克 / 低筋面粉 70 克 / 酥油 30 克 / 白奶油 25 克 / 绵白糖 25 克 / 水 40 克 / 糖 15 克

油酥

低筋面粉 380 克 / 白奶油 50 克 / 酥油 560 克

馅料

酥油 375 克 / 绵白糖 345 克 / 鸡蛋 375 克 / 椰蓉 375 克 / 奶粉 30 克 / 吉士粉 45 克

装饰

杏仁片适量

馅料制作过程

将所有的馅料材料一起充分搅拌均匀,备用。

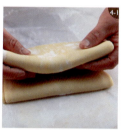

综合制作过程

1. 将水油皮中所有材料一起拌至光滑面团状,松弛 20 分钟。
2. 将油酥中所有材料一起搅拌均匀,放进冰箱冷冻。
3. 将冷冻好的油酥取出,擀开呈长方形,包入松弛好的面团中。
4. 将步骤 3 擀开,折叠四层后再擀开,重复此操作三次,放进冰箱松弛。
5. 将松弛好的面团取出擀开至 0.6 厘米厚,用花边模具压出,圆片松弛 20 分钟。
6. 将圆片放入模具内,捏匀。
7. 在步骤 6 中挤上馅料,要挤得饱满一些。
8. 在表面摆上杏仁片,放入烤箱烘烤。以上下火 200℃/200℃烤约 18 分钟。

洋梨塔

塔皮

无盐黄油 100 克 / 绵白糖 35 克 / 盐 1.5 克 /
淡奶油 40 克 / 低筋面粉 200 克

馅料

黄油 105 克 / 糖粉 95 克 / 鸡蛋 100 克 /
杏仁粉 110 克 / 香草粉 1 克 / 朗姆酒 20 克

装饰

洋梨罐头 300 克 / 镜面果胶适量

塔皮制作过程

参照 P17 鲜奶塔皮制作步骤 1～步骤 6 制作。

馅料制作过程

1. 将黄油放在容器中搅拌打发,加入糖粉再次打发。
2. 将鸡蛋分次加入步骤 1 中,搅拌均匀。
3. 将杏仁粉和香草粉加入步骤 2 中混合搅拌。
4. 在步骤 3 中加入朗姆酒充分搅拌均匀,备用。

综合制作过程

1. 将洋梨罐头沥干水分,切成薄片备用。
2. 将做好的馅料放在塔皮中,约七分满。
3. 将步骤 1 放在步骤 2 的上面,稍微往下压一下,摆入烤盘。
4. 将步骤 3 放入烤箱,以上下火 180℃ / 180℃ 约烤 25 分钟,取出后趁热刷上镜面果胶。
5. 待步骤 4 稍微冷却后脱模即可。

乳酪吉士塔

塔皮

低筋面粉 180 克 / 杏仁粉 40 克 / 盐 1 克 / 糖粉 55 克 / 鸡蛋 1 个 / 无盐黄油 115 克 / 模具用黄油适量

馅料

奶油奶酪 100 克 / 绵白糖 50 克 / 蛋黄 1 个 / 吉士粉 15 克 / 淡奶油 60 克

塔皮制作过程

1. 将模具用的黄油加热至融化,然后用毛刷刷在模具上,再在模具上撒上适量的面粉,并将多余的面粉倒出。
2. 将无盐黄油、糖粉和盐混合拌至微发。
3. 在步骤 2 中分次加入鸡蛋,充分搅拌均匀。
4. 在步骤 3 中加入过筛的低筋面粉和杏仁粉搅拌成团。
5. 将步骤 4 盖上保鲜膜,松弛 15 分钟。
6. 将松弛好的步骤 5 用擀面棍擀开,约 0.4 厘米厚。
7. 将步骤 6 放在步骤 1 的模具中捏均匀,并将多余的面皮用刀削掉。

馅料制作过程

1. 将淡奶油和吉士粉放在一起混合,搅拌均匀备用。
2. 将绵白糖和奶油奶酪放在一起充分搅拌至微发状态。
3. 将蛋黄加入步骤 2 中搅拌均匀。
4. 将步骤 1 加入步骤 3 中充分搅拌均匀,备用。

综合制作过程

1. 将做好的馅料装入裱花袋中,挤在塔皮中约九分满。
2. 将步骤 1 振一下后放入烤盘。
3. 将步骤 3 放入烤箱,以上下火 160℃/180℃约烤 30 分钟。
4. 将步骤 3 取出脱模冷却即可。

南瓜紫薯塔

塔皮

黄油 100 克／糖粉 50 克／水 50 克／麻薯粉 100 克／玉米淀粉 50 克／杏仁粉 50 克／黑芝麻 10 克

馅料

南瓜 200 克／绵白糖 50 克／黄油 10 克／肉桂粉 2 克／打发鲜奶油 45 克

装饰

紫薯 100 克／水 100 克／绵白糖 15 克／盐 1 克／柠檬片适量

塔皮制作过程

参照 P18 麻薯杏仁塔皮制作。

馅料制作过程

1. 将南瓜去皮、去籽后清洗干净，切成块状放在容器中，再加入适量的水加热煮熟。
2. 将步骤1过冷水，并沥干水分。
3. 在步骤2中加入绵白糖、黄油和肉桂粉。
4. 将步骤3用小型打碎机打成泥状，待完全冷却后使用。
5. 在步骤4中加入打发鲜奶油，搅拌均匀备用。

综合制作过程

1. 将紫薯去皮，清洗干净，切成约1厘米厚的块状，放在容器中，再加入绵白糖、盐和水加热，煮至柔软即可，冷却后备用。
2. 将做好的馅料装入装有锯齿嘴的裱花袋中，挤在做好的塔皮里。
3. 在步骤2的表面摆上步骤1做好的紫薯。
4. 最后摆上切成1/4片柠檬片即可。

葡式蛋塔

水油皮

中筋面粉 200 克 / 鸡蛋 1 个 / 猪油 50 克 /
水 100 克 / 绵白糖 10 克

油酥

黄油 300 克 / 白奶油 100 克 /
低筋面粉 200 克

馅料

牛奶 300 克 / 绵白糖 90 克 / 全蛋 4 个 / 蛋黄 4 克 / 淡奶油 80 克

水油皮制作过程

1. 将中筋面粉做成粉墙状，分别加入猪油、绵白糖、水和鸡蛋。
2. 将步骤 1 混合揉至面团表面光滑。
3. 将做好的步骤 2 用保鲜膜包住，常温松弛 30 分钟，备用。

油酥制作过程

1. 将黄油、白奶油和低筋面粉一起放在操作台上。
2. 将步骤 1 充分混合均匀成团。
3. 将步骤 2 用保鲜膜包住，放入冰箱冷藏备用。

馅料制作过程

1. 将全蛋和蛋黄混合备用。
2. 将绵白糖倒入牛奶中混合均匀。
3. 将步骤 2 加热（40℃）搅拌至糖溶化。
4. 将步骤 3 停止加热，加入备用的步骤 1 搅拌均匀。
5. 在步骤 4 中加入淡奶油充分搅拌均匀。
6. 将步骤 5 用细网筛过滤两次后即成馅料。

综合制作过程

1. 将松弛好的水油皮擀开,再将做好的油酥放在上面。
2. 将步骤1的水油皮包住油酥。
3. 将步骤2擀开,以两折三层的方式折叠一次,再用保鲜膜包住后松弛15分钟。
4. 将步骤3重复擀开折叠两次,每次折叠后都要松弛15分钟左右。
5. 将步骤4擀开,约0.7厘米厚,放入冰箱冷藏松弛30分钟。
6. 将步骤5取出,用圆形压模压印成型,再放到塔模中捏均匀。
7. 将做好的步骤6摆入烤盘,然后倒入馅料,约七分满。
8. 将步骤7放入烤箱烘烤,以上下火220℃/240℃约烤15分钟。
9. 将步骤8稍微冷却脱模即可。

起酥蛋塔

水油皮

中筋面粉 200 克 / 鸡蛋 1 个 / 白奶油 50 克 /
水 100 克 / 绵白糖 10 克

油酥

黄油 300 克 / 白奶油 100 克 / 低筋面粉 200 克

蛋塔液

绵白糖 125 克 / 开水 75 克 / 鸡蛋 2 个 / 牛奶 26 克

水油皮制作过程

1. 将中筋面粉做成粉墙状,然后分别加入白奶油、绵白糖、水和鸡蛋。
2. 将步骤 1 混合揉至面团表面光滑。
3. 将步骤 2 用保鲜膜包住,常温松弛 30 分钟备用。

油酥制作过程

1. 将黄油、白奶油和低筋面粉一起放在操作台上。
2. 将步骤 1 充分混合均匀成团。
3. 将步骤 2 用保鲜膜包住,放入冰箱冷藏备用。

塔 & 派

蛋塔液制作过程

1. 将绵白糖倒入容器中，加入开水搅拌至糖溶化。
2. 将鸡蛋和牛奶放在同一个容器中搅拌均匀。
3. 将步骤 1 倒入步骤 2 中搅拌均匀。
4. 将步骤 3 用细网筛过滤一次后即成蛋塔液，备用。

综合制作过程

1. 将松弛好的水油皮擀开，再将做好的油酥放在上面。
2. 用水油皮包住油酥。
3. 将步骤 2 擀开，以两折三层折叠一次，用保鲜膜包住后松弛 15 分钟。
4. 将步骤 3 重复擀开并折叠两次，每次折叠后都要松弛 15 分钟左右。
5. 将步骤 4 擀开，约 0.7 厘米厚，放入冰箱冷藏松弛 30 分钟。
6. 将步骤 5 取出，用圆形压模压印成形，再放到塔模中捏均匀。
7. 将做好的步骤 6 摆入烤盘，然后倒入蛋塔液约八分满。
8. 将步骤 7 放入烤箱，以上下火 220℃ / 240℃ 约烤 15 分钟。
9. 将步骤 8 稍微冷却即可脱模。

香蕉巧克力塔

塔皮

低筋面粉 100 克 / 高筋面粉 40 克 / 杏仁粉 50 克 / 糖粉 30 克 / 水 40 克 / 无盐黄油 100 克 / 黑芝麻 15 克

装饰

香蕉 1 个 / 可可粉适量 / 橙皮适量

馅料

黑巧克力 100 克 / 淡奶油 50 克 / 黄油 10 克 / 白兰地 5 克

塔 & 派

塔皮制作过程

1. 将无盐黄油和水搅拌均匀，然后加入糖粉拌至微发。
2. 加入低筋面粉、高筋面粉和杏仁粉，稍微混合。
3. 加入黑芝麻充分混合拌成面团状，然后松弛 10 分钟。
4. 将松弛好的步骤 3 分割成 10 ~ 15 克 / 个。
5. 取一个步骤 4，沾上面粉，然后放在模具中，用力捏均匀。
6. 将步骤 5 的塔皮用竹扦打孔，并且垫上白纸，然后放上绿豆。
7. 将步骤 6 放在烤盘中，放入烤箱以上下火 180℃ /160℃ 约烤 10 分钟，将白纸和绿豆取出，再继续烤至金黄色，取出冷却备用。

馅料制作过程

1. 将淡奶油放在加热容器中加热煮沸。
2. 将步骤 1 停止加热，然后加入切碎的黑巧克力。
3. 在步骤 2 中加入黄油，搅拌至黄油融化。
4. 在步骤 3 中加入白兰地，充分搅拌均匀备用。

综合制作过程

1. 将香蕉切成 2 厘米厚的圆片，放在烤好的塔皮中。
2. 将做好的馅料倒入步骤 1 中约十分满。
3. 将步骤 2 轻振几下，常温凝固。
4. 在步骤 3 的表面筛上适量的可可粉即可，也可以在表面装饰上一条橙皮。

巧克力蓝莓塔

塔皮

盐 1.5 克 / 水 30 克 / 酥油 80 克 / 低筋面粉 100 克 /
高筋面粉 50 克 / 绵白糖 20 克 / 蓝莓粒 20 粒

馅料

鸡蛋 1 个 / 绵白糖 30 克 / 黑巧克力 50 克 /
酥油 30 克 / 杏仁粉 50 克

装饰

糖粉适量

塔皮制作过程

1. 将低筋面粉和高筋面粉过筛后混合搅拌均匀。
2. 将酥油加入步骤 1 中搓成松散状。
3. 在步骤 2 中加入绵白糖搅拌均匀。
4. 将盐和水加入步骤 3 中,搅拌成团。
5. 将步骤 4 用保鲜膜包住,冷藏松弛 30 分钟。
6. 将步骤 5 分割成 17 克 / 个,放在模具中捏均匀,并将边缘多余的面团用刀具削掉。
7. 将蓝莓粒放在步骤 6 的底部,备用。

塔 & 派

馅料制作过程

1. 将蛋黄和蛋白分离，蛋黄和 1/3 的绵白糖搅拌至微发备用。
2. 将黑巧克力隔水加热融化，然后加入酥油，搅拌至酥油融化。
3. 将步骤 2 加入步骤 1 中搅拌均匀。
4. 将杏仁粉加入步骤 3 中充分搅拌均匀，备用。
5. 将蛋白和剩余的绵白糖搅拌打发至中性发泡。
6. 将步骤 5 加入步骤 4 中，用刮板搅拌均匀。

综合制作过程

1. 将做好的馅料装入裱花袋中，挤在塔皮中约八分满。
2. 将步骤 1 放入烤箱，以上下火 180℃/160℃约烤 25 分钟。
3. 将步骤 2 取出冷却脱模，筛上适量的糖粉即可。

樱桃吉士塔

塔皮

酥油 100 克／盐 1.5 克／绵白糖 50 克／
鸡蛋 1 个／杏仁粉 30 克／低筋面粉 170 克

馅料

鸡蛋 1 个／绵白糖 45 克／牛奶 110 克／黄油 15 克／
低筋面粉 20 克／淡奶油 100 克

装饰

白巧克力 50 克／樱桃 10 个

塔皮制作过程

1. 将酥油、绵白糖和盐放在操作台上拌至乳化状。
2. 将鸡蛋分次加入步骤1中搅拌均匀。
3. 将过筛的低筋面粉和杏仁粉加入步骤2中一起搅拌成团。
4. 将步骤3用保鲜膜包住,冷藏松弛15分钟。
5. 将松弛好的步骤4分割成15克/个。
6. 将步骤5放在模具中捏均匀,再把边缘多余的面团削掉。
7. 在步骤6的上面放上白纸并压上绿豆。
8. 将步骤7放入烤箱,以上下火170℃/150℃约烤8分钟,至上口边缘微微变黄后取掉白纸和绿豆,再继续烘烤至内部金黄色,稍微冷却脱模备用。

馅料制作过程

1. 将鸡蛋和绵白糖搅拌至微发,然后加入低筋面粉搅拌均匀备用。
2. 将牛奶放在加热容器中,加入黄油加热煮沸。
3. 将步骤2趁热慢慢加入步骤1中搅拌均匀,再倒回加热容器中。
4. 将步骤3以边煮边搅的方式煮至糊状,冷却备用。
5. 将淡奶油打发后加入步骤4中搅拌均匀,即成奶油馅料。

塔

综合制作过程

1 将白巧克力切碎，装入裱花袋中，再放在热水中融化备用。

2. 将步骤 1 挤在塔皮中，用手指涂抹均匀。

3. 将做好的馅料挤在步骤 2 中，并使中间稍微高一点。

4. 将新鲜的樱桃摆在步骤 3 上面。

核桃与葡萄干布朗尼塔

/ 此材料可以制作 10 个 /

塔皮

低筋面粉 175 克 / 盐 1.2 克 / 可可粉 30 克 / 糖粉 30 克 / 蛋黄 1 个 / 水 40 克 / 无盐黄油 100 克

馅料

黑巧克力 150 克 / 黄油 75 克 / 绵白糖 75 克 / 鸡蛋 1 个 / 朗姆酒 15 克 / 低筋面粉 80 克 / 泡打粉 1 克 / 核桃仁 30 克 / 葡萄干 20 克

装饰

糖粉适量

塔皮制作过程

1. 将无盐黄油和盐混合拌至微发,然后加入蛋黄和水搅拌均匀。
2. 加入过筛的低筋面粉拌成面团状。
3. 加入过筛的可可粉充分搅拌均匀,松弛 10 分钟。
4. 将松弛好的步骤 3 包上保鲜膜,用擀面棍擀至 0.4 厘米厚。
5. 将模具放在步骤 4 上,翻过来压平,再将边缘多余的面团用刮板削掉,摆入烤盘,并在底部打孔备用。

馅料制作过程

1. 将黑巧克力切碎,和黄油、绵白糖放在同一个容器中,隔水加热至融化。
2. 待步骤 1 融化后离开热水,加入鸡蛋搅拌均匀。
3. 将朗姆酒加入步骤 2 中搅拌均匀。
4. 在步骤 3 中加入低筋面粉和泡打粉,充分搅拌均匀。
5. 加入烤熟压碎的核桃仁和葡萄干搅拌均匀,备用。

 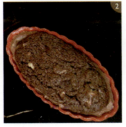  

综合制作过程

1. 将做好的馅料用汤匙舀在塔皮中约九分满,然后轻振几下。
2. 将步骤 1 放入烤箱,以上下火 180℃/160℃约烤 25 分钟。
3. 将烤好的步骤 2 稍微冷却脱模,备用。
4. 在步骤 3 的上面摆上几条剪好的白纸,筛上适量的糖粉,最后将白纸取掉即可。

派
PIES

蜂蜜核桃派

派皮

无盐黄油 100 克 / 糖粉 50 克 / 盐 1.5 克 / 鸡蛋 1 个 / 低筋面粉 150 克 / 杏仁粉 30 克 / 模具用黄油适量

馅料

绵白糖 70 克 / 蜂蜜 70 克 / 淡奶油 50 克 / 无盐黄油 20 克 / 核桃仁 100 克

派皮制作过程

1. 将模具用的黄油加热至融化，然后刷在模具上，再撒上面粉，并将多余的面粉倒出。
2. 将无盐黄油、糖粉和盐放在操作台上拌至微发。
3. 将鸡蛋分次加入步骤 2 中，充分搅拌均匀。
4. 将过筛的低筋面粉和杏仁粉加入步骤 3 中，以压拌的方式拌成面团。
5. 将步骤 4 包上保鲜膜，常温松弛 20 分钟，然后擀开，约 0.4 厘米厚。
6. 在擀好的步骤 5 的上面放上派盘，然后翻过来，并用手压平。
7. 用手将步骤 6 的边缘压掉，取掉保鲜膜，用手捏均匀，最后用竹扦打孔备用。

馅料制作过程

1. 将绵白糖、无盐黄油、淡奶油和蜂蜜放在同一个容器中。

2. 将步骤 1 加热，以边煮边搅的方式煮至沸腾。

3. 加入事先烤熟的核桃仁，搅拌均匀。

综合制作过程

1. 将馅料放在做好的派皮中压平。

2. 将步骤 1 放入烤箱，以上下火 180℃/160℃ 约烤 25 分钟。

3. 将步骤 2 取出后稍微冷却脱模即可。

备注

- 核桃仁以 180℃ 烤熟，冷却备用。
- 在加湿性材料时要分次加入（防止油蛋分离）。
- 糖粉可以使用绵白糖代替，但是不可以使用白砂糖（颗粒大不易溶化）。
- 黄油使用时的温度要根据气温的变化而变化（冬天使用时可融化 1/3 或者 1/2）。

玉桂朗姆苹果派

派皮

低筋面粉 200 克 / 盐 1.2 克 / 绵白糖 30 克 /
无盐黄油 100 克 / 黑芝麻 20 克 / 淡奶油 40 克 /
模具用黄油适量

装饰皮

无盐黄油 100 克 / 糖粉 50 克 / 盐 1 克 /
鸡蛋 1 个 / 低筋面粉 150 克 / 杏仁粉 30 克

馅料

酥油 10 克 / 绵白糖 90 克 / 苹果 2 个 / 白兰地 5 克 / 肉桂粉 2 克 / 柠檬汁 10 克

装饰

蛋黄液 30 克 / 水 5 克

派皮制作过程

请参照 P22 黑芝麻派皮步骤 1～步骤 7 制作。

装饰皮制作过程

1. 将无盐黄油、盐和糖粉放在工作台上,充分搅拌均匀。
2. 将鸡蛋分次加入步骤1中充分搅拌均匀。
3. 将过筛的低筋面粉和杏仁粉加入步骤2中,以压拌的方式拌成面团。
4. 将步骤3包上保鲜膜,冷藏松弛10分钟。

馅料制作过程

1. 将苹果削皮,洗干净,切成约16等份备用。
2. 将酥油放入容器中加热煮化。
3. 将绵白糖、肉桂粉和步骤1加入步骤2中炒匀。
4. 在步骤3中加入柠檬汁炒匀。
5. 将步骤4炒至水分稍微收干。
6. 加入白兰地,炒至水分稍微收干,冷却备用。

综合制作过程

1. 将做好的馅料倒入派皮中（不要倒入过多的液体），备用。
2. 将装饰皮面团擀开，用派盘模压印成型，多余的面皮备用。
3. 将步骤 2 盖在步骤 1 的上面，对齐压紧。
4. 在步骤 3 的表面刷上混合好的装饰材料，备用。
5. 将步骤 2 剩余的面皮擀开，用星形压模压印成型。
6. 将步骤 5 均匀地摆在步骤 4 的表面。
7. 将步骤 6 放入烤箱，以上下火 180℃ /160℃ 约烤 40 分钟。
8. 将步骤 7 取出，稍微冷却后脱模即可。

国王派

派皮

低筋面粉 200 克 / 酥油 20 克 / 盐 3 克 / 水 100 克 / 片状酥油 120 克

馅料

酥油 70 克 / 绵白糖 80 克 / 鸡蛋 1 个 / 杏仁粉 70 克 / 朗姆酒 5 克 / 低筋面粉 30 克

装饰

蛋黄 3 个 / 水 15 克

派皮制作过程

1. 将低筋面粉做成粉墙状，分别加入酥油、盐和水一起混合，揉至面团表面光滑，用保鲜膜包住，常温松弛 20 分钟备用。
2. 将片状酥油用保鲜膜盖住，擀开备用。
3. 将松弛好的步骤 1 擀开，将步骤 2 放在上面，用步骤 1 的面皮包住步骤 2 的酥油。
4. 将步骤 3 擀开，以两折三层的方式折叠，重复擀开和折叠两次后，放入冰箱松弛 30 分钟左右至软硬适中。

塔 & 派

馅料制作过程

1. 将酥油和绵白糖混合搅拌。
2. 将鸡蛋分次加入步骤1中搅拌均匀。
3. 在步骤2中加入杏仁粉、低筋面粉和朗姆酒，充分搅拌均匀。

综合制作过程

1. 将松弛好的面皮擀开，约0.4厘米厚，放上模具，并用刀具沿模具边缘划开，切出两片面皮。
2. 将步骤1边缘多余的面皮取掉。
3. 将装饰材料混合，搅拌打发。在步骤2的一片面皮上面刷上装饰材料。
4. 将做好的馅料装入裱花袋中，螺旋状挤在步骤3的中间。
5. 在步骤4的上面盖上另一片步骤2的面皮，用手压紧。
6. 用刀具将步骤5的边缘切出花纹。
7. 在步骤6的表面刷上装饰材料，并用刀具划出放射状花纹。
8. 将步骤7放入烤箱烘烤，以上下火200℃/180℃烤30分钟左右。

杏仁玉桂苹果派

派皮

无盐黄油 100 克 / 糖粉 50 克 / 盐 1 克 / 鸡蛋 1 个 / 低筋面粉 150 克 / 杏仁粉 30 克

馅料

黄油 40 克 / 绵白糖 A 30 克 / 绵白糖 B 80 克 / 苹果 2 个 / 肉桂粉 2 克

派皮制作过程

1. 将无盐黄油、盐和糖粉放在操作台上拌至微发。

2. 将鸡蛋分次加入步骤 1 中，充分搅拌均匀。

3. 将过筛的低筋面粉和杏仁粉加入步骤 2 中，以压拌的方式拌成面团。

4. 将步骤 3 包上保鲜膜，常温松弛 20 分钟。

馅料制作过程

1. 将苹果削皮，洗净，切成约 16 等份备用。

2. 将绵白糖 A 和黄油放入容器中，加热煮至黄油融化。

3. 将步骤 1 加入步骤 2 中炒匀。

4. 在步骤 3 中加入绵白糖 B 和肉桂粉，炒至水分稍微收干，冷却备用。

综合制作过程

1. 将做好的苹果馅用筷子夹住，然后摆在一个桶状的模具中，备用。

2. 将派皮面团擀成约 0.4 厘米厚的面皮，用圆形压模压印成型，备用。

3. 将步骤 2 盖在步骤 1 的表面，压平。

4. 在步骤 3 的表面用竹扦打孔。

5. 将步骤 4 放入烤箱，以上下火 180℃ /140℃ 约烤 30 分钟，取出冷却后，将桶状模具倒扣在另一个容器上，脱模切块即可。

牛肉乳酪派

派皮

酥油 100 克 / 盐 1.5 克 / 糖粉 50 克 / 鸡蛋 1 个 / 杏仁粉 30 克 / 低筋面粉 170 克

装饰

水 20 克 / 蛋黄 1 个

馅料

洋葱丝 70 克 / 片菜 20 克 / 蘑菇 20 克 / 圆白菜 50 克 / 盐 5 克 / 咖喱粉 7 克 / 胡椒粉 1.5 克 / 牛肉丁 50 克 / 乳酪丝 30 克 / 玉米淀粉 15 克

派皮制作过程

1. 将酥油、糖粉和盐放在操作台上拌至微发。
2. 将鸡蛋分次加入步骤1中搅拌均匀。
3. 将过筛的低筋面粉和杏仁粉加入步骤2中一起搅拌成团。
4. 将步骤3用保鲜膜包住,冷藏松弛15分钟。
5. 将松弛好的步骤4擀开,约0.5厘米厚。
6. 在擀好的步骤5的上面放上派盘,然后翻过来。
7. 用擀面棍将步骤6的边缘压平整,多余的面团备用。
8. 在步骤7的底部用竹扦打孔,备用。

馅料制作过程

1. 将洋葱丝、芹菜、蘑菇、圆白菜和盐倒入锅中加热炒软。
2. 将咖喱粉和胡椒粉加入步骤1中炒香。
3. 在步骤2中加入牛肉干炒均匀。
4. 在步骤3中加入乳酪丝炒拌均匀。
5. 在步骤4中加入玉米淀粉充分炒拌均匀,放凉备用。

综合制作过程

1. 将蛋黄和水混合，搅拌均匀备用。
2. 将剩余的面团擀成另一片面皮，用派盘压印成型备用。
3. 将做好的馅料倒入烤好的派皮中摊平。
4. 将备用的步骤1刷在步骤3的边缘上口。
5. 将步骤2的面皮盖在步骤4的上面，周边对齐。
6. 将步骤1再刷在步骤5的表面。
7. 在步骤6的表面用刀具戳孔。
8. 将步骤7放入烤箱，以上下火180℃/160℃约烤40分钟，取出冷却后脱模即可。

黄桃派

派皮

酥油 150 克 / 糖粉 75 克 / 盐 1 克 /
鸡蛋 80 克 / 低筋面粉 220 克 / 杏仁粉 45 克

馅料

黄油 100 克 / 糖粉 100 克 / 鸡蛋 2 个 / 蛋黄 1 个 /
杏仁粉 70 克 / 低筋面粉 30 克 / 白兰地 10 克

装饰

黄桃 400 克 / 透明果胶适量

派皮制作过程

1. 将酥油、糖粉和盐拌至微发。
2. 将鸡蛋分次加入步骤 1 中充分搅拌均匀。
3. 将过筛的低筋面粉和杏仁粉加入步骤 2 中压拌成团。
4. 将步骤 3 用保鲜膜包住，常温松弛 30 分钟。
5. 将步骤 4 用擀面棍擀开，约 0.4 厘米厚。
6. 在步骤 5 的上面放上模具，然后翻过来，并将底部压平。
7. 将步骤 6 周边压平，并用竹扦打孔备用。

馅料制作过程

1. 将黄油和糖粉放在容器中搅拌打发。
2. 将鸡蛋和蛋黄分次加入步骤 1 中搅拌均匀。
3. 将白兰地加入步骤 2 中搅拌均匀。
4. 将杏仁粉和过筛的低筋面粉加入步骤 3 中搅拌均匀，备用。

塔 & 派

综合制作过程

1. 将做好的馅料装入裱花袋中，螺旋挤在派皮中约五分满。
2. 将挤好的步骤 1 用刮板抹平。
3. 在步骤 2 的表面均匀地摆上切片的黄桃。
4. 将步骤 3 放入烤盘，放入烤箱以上下火 170℃ /170℃ 约烤 35 分钟。
5. 将步骤 4 取出后趁热刷上适量的透明果胶，冷却后脱模即可。

焦糖苹果派

派皮

低筋面粉 135 克 / 高筋面粉 35 克 / 绵白糖 40 克 / 酥油 100 克 / 盐 1.5 克 / 水 45 克

馅料

黄油 30 克 / 绵白糖 70 克 / 苹果 2 个 / 淡奶油 20 克

装饰

蛋液适量 / 糖粉适量

塔 & 派

派皮制作过程

1. 将高筋面粉和低筋面粉放在容器中混合，搅拌均匀。
2. 在步骤 1 中加入酥油，搓至松散状。
3. 在步骤 2 中加入绵白糖、盐和水搅拌成团。
4. 将步骤 3 用保鲜膜包住，冷藏松弛 15 分钟。
5. 将松弛好的步骤 4 擀开，约 0.5 厘米厚。
6. 在步骤 5 的上面放上派盘，然后翻过来，将边缘及底部压平整。多余的面皮备用。
7. 在步骤 6 的底部用竹扦打孔备用。

馅料制作过程

1. 将苹果削皮，洗净，再切成 16 等份备用。
2. 将绵白糖和黄油放入容器中加热煮化。
3. 将步骤 1 加入步骤 2 中炒匀。
4. 在步骤 3 中加入淡奶油炒至水分稍微收干，冷却备用。

综合制作过程

1. 将做好的苹果馅料用筷子夹住，一个压一个地摆在派皮中。
2. 将制作派皮剩余的面皮擀开，用树叶压模压印成型，备用。
3. 将装饰材料混合搅拌均匀，在步骤 1 的周边上口刷上蛋液。
4. 将做好的步骤 2 以两片为一组摆在步骤 3 的周边。
5. 在步骤 4 的树叶上面再刷上蛋液。
6. 将步骤 7 放入烤箱，以上下火 180℃/160℃ 约烤 40 分钟，取出稍微冷却后筛上适量的糖粉，然后脱模即可。

蜜豆甜派

派皮

酥油 150 克／糖粉 75 克／盐 1 克／鸡蛋 80 克／低筋面粉 220 克／杏仁粉 45 克

馅料

水 100 克／吉利丁粉 5 克／蜜红豆 200 克／麦芽糖 15 克

装饰

蛋白 110 克／绵白糖 50 克

派皮制作过程

1. 将酥油、糖粉和盐拌至微发。
2. 将鸡蛋分次加入步骤 1 中充分搅拌均匀。
3. 将过筛的低筋面粉和杏仁粉加入步骤 2 中压拌成团。
4. 将步骤 3 用保鲜膜包住，冷藏松弛 10 分钟。
5. 将步骤 4 用擀面棍擀开，约 0.5 厘米厚。
6. 在步骤 5 的上面放上模具，然后翻过来，并将底部压平。
7. 将步骤 6 用手把周边压平，并用竹扦打孔，备用。

馅料制作过程

1. 将吉利丁粉和水放在容器中加热煮沸，煮至稍变浓稠。

2. 将蜜红豆加入步骤 1 中搅拌均匀，再次煮沸。

3. 将麦芽糖加入步骤 2 中煮至变稠，备用。

综合制作过程

1. 将做好的馅料倒入派皮中，约九分满。

2. 将步骤 1 用汤匙抹平备用。

3. 将装饰材料中的蛋白和绵白糖搅拌打发至中性。

4. 将步骤 3 倒入装有圆锯齿嘴的裱花袋中，挤在步骤 2 的表面成网状。

5. 在步骤 4 的边缘再挤出曲奇状的装饰。

6. 放入烤箱以上下火 170℃/180℃ 约烤 30 分钟至表面稍微有点焦色，取出冷却后脱模即可。

杏仁樱桃派

派皮

酥油 100 克 / 糖粉 50 克 / 蛋黄 1 个 / 低筋面粉 170 克

馅料

无盐黄油 70 克 / 绵白糖 85 克 / 蛋黄 1 个 / 朗姆酒 3 克 / 香草粉 3 克 / 杏仁粉 70 克 / 低筋面粉 30 克

装饰

樱桃 12 粒 / 透明果胶适量

塔 & 派

派皮制作过程

1. 将酥油、糖粉放在操作台上拌至微发。
2. 将蛋黄加入步骤1中搅拌均匀。
3. 将过筛的低筋面粉加入步骤2中搅拌成团。
4. 将步骤3用保鲜膜包住,冷藏松弛15分钟。
5. 将松弛好的步骤4擀开,约0.5厘米厚。
6. 在擀好的步骤5的上面放上派盘,然后翻过来整平,在底部用竹扦打孔,备用。

馅料制作过程

1. 将无盐黄油和绵白糖搅拌至变白。
2. 将蛋黄加入步骤1中搅拌均匀。
3. 在步骤2中加入朗姆酒搅拌均匀。
4. 在步骤3中加入杏仁粉搅拌均匀。
5. 在步骤4中加入低筋面粉和香草粉充分搅拌均匀,备用。

综合制作过程

1. 将做好的馅料倒入派皮中抹平。
2. 将新鲜的樱桃摆在步骤 1 的表面，稍稍压入其中。
3. 将步骤 2 放入烤箱，以上下火 180℃ /160℃约烤 30 分钟。
4. 将步骤 3 取出，趁热刷上透明果胶。
5. 待步骤 4 冷却后脱模即可。

南瓜松子核桃派

派皮

无盐黄油 100 克 / 糖粉 50 克 / 盐 1.5 克 /
鸡蛋 1 个 / 低筋面粉 150 克 / 杏仁粉 30 克 /
模具用黄油适量

馅料

绵白糖 80 克 / 蜂蜜 75 克 / 淡奶油 50 克 /
无盐黄油 20 克 / 核桃仁 70 克 /
松子仁 80 克 / 南瓜子仁 60 克

派皮制作过程

1. 将模具用的黄油融化，然后刷在模具上，再撒上面粉并将多余的面粉倒出。
2. 将无盐黄油、糖粉和盐放在操作台上拌至微发。
3. 将鸡蛋分次加入步骤 2 中充分搅拌均匀。
4. 将过筛的低筋面粉和杏仁粉加入步骤 3 中，以压拌的方式拌成面团。
5. 将步骤 4 包上保鲜膜，常温松弛 20 分钟，然后擀开，约 0.4 厘米厚。
6. 在擀好的步骤 5 的上面放上派盘，然后翻过来，并用手压平。
7. 用手将步骤 6 的边缘压掉，取掉保鲜膜，用手捏均匀，最后用竹扦打孔，备用。

馅料制作过程

1. 将绵白糖、淡奶油和蜂蜜放在同一个容器中。
2. 将步骤1加热至沸腾，然后加入无盐黄油。
3. 将步骤2以边煮边搅的方式煮至舀起液体可拉丝。
4. 将事先烤熟的核桃仁、松子仁和南瓜子仁加入，搅拌均匀。

综合制作过程

1. 将做好的馅料放在派皮中压平。
2. 将步骤1放入烤箱，以上下火180℃/160℃约烤25分钟。
3. 将步骤2取出后稍微冷却脱模即可。

备注

- 核桃仁、松子仁和南瓜子仁用180℃预先烤熟，冷却备用。

帕马森乳酪派

塔皮

低筋面粉 150 克 / 蛋黄 1 个 / 黄油 100 克 / 糖粉 50 克 / 综合胡椒粒 20 克 / 模具用黄油适量

馅料

吉利丁粉 10 克 / 蛋黄 30 克 / 绵白糖 A 20 克 / 牛奶 150 克 / 奶油奶酪 200 克 / 淡奶油 150 克 / 蛋白 50 克 / 绵白糖 B 50 克 / 水适量

装饰

饼干碎 500 克

塔皮制作过程

请参照 P30 综合胡椒派皮制作。

塔 & 派

馅料制作过程

1. 将吉利丁粉和三倍量的水放在容器中混合备用。
2. 将蛋黄和绵白糖 A 充分搅拌均匀。
3. 在步骤 2 中加入牛奶搅拌均匀。
4. 将步骤 3 隔水加热,以边煮边搅的方式搅拌至稍微变稠。
5. 在步骤 4 中加入奶油奶酪,然后搅拌至奶油奶酪融化变稠。
6. 在步骤 5 中加入步骤 1 充分搅拌均匀,冷却备用。
7. 将蛋白和绵白糖 B 放在搅拌桶内,搅拌打至中性发泡。
8. 将步骤 7 和步骤 6 混合,搅拌均匀即可。

综合制作过程

1. 将做好的馅料装入裱花袋中,挤在做好的派皮中。
2. 将步骤 1 用刮板刮平,中间稍微高一点。
3. 用筛子将饼干碎筛在步骤 2 的表面即可。

酥菠萝蓝莓派

派皮

酥油 100 克 / 盐 1.5 克 / 糖粉 50 克 / 鸡蛋 1 个 / 低筋面粉 170 克

馅料

盐 1.5 克 / 泡打粉 1.5 克 / 低筋面粉 60 克 / 酥油 105 克 / 绵白糖 A 55 克 / 蛋黄 1 个 / 淡奶油 60 克 / 杏仁粉 55 克 / 蛋白 1 个 / 绵白糖 B 25 克

装饰

蓝莓粒 70 克 / 酥菠萝（低筋面粉 35 克 / 盐 0.5 克 / 泡打粉 0.5 克 / 酥油 40 克 / 绵白糖 25 克）适量

派皮制作过程

1. 将酥油、糖粉和盐放在操作台上拌至微发。
2. 将鸡蛋分次加入步骤 1 中搅拌均匀。
3. 将过筛的低筋面粉加入步骤 2 中一起搅拌成团。
4. 将步骤 3 用保鲜膜包住,冷藏松弛 10 分钟。
5. 将松弛好的步骤 4 擀开,约 0.5 厘米厚。
6. 在擀好的步骤 5 的上面放上派盘,然后翻过来,并将边缘压平整,最后底部打孔,备用。

馅料制作过程

1. 将过筛的低筋面粉和盐、泡打粉混合,搅拌均匀。
2. 在步骤 1 中加入酥油、绵白糖 A、杏仁粉搅拌均匀。
3. 在步骤 2 中加入蛋黄和淡奶油搅拌均匀,备用。
4. 另取一盆,将蛋白和绵白糖 B 搅拌打发至中性发泡。
5. 将步骤 4 加入步骤 3 中,充分搅拌均匀,备用。

装饰制作过程

1. 将过筛的低筋面粉和盐、泡打粉混合,搅拌均匀。

2. 在步骤 1 中加入酥油和绵白糖。

3. 将步骤 2 混合至松散状即为酥菠萝,备用。

综合制作过程

1. 将适量的蓝莓粒放在派皮中。

2. 将做好的馅料倒入步骤 1 中抹平。

3. 在步骤 2 的上面再放上适量的蓝莓粒。

4. 将适量的酥菠萝撒在步骤 3 的上面。

5. 将步骤 7 放入烤箱,以上下火 180℃ /160℃ 约烤 40 分钟。

6. 将取出冷却后的步骤 5 脱模切块即可。

柠檬派

派皮

酥油 100 克 / 低筋面粉 166 克 / 鸡蛋 30 克 / 绵白糖 5 克 / 盐 3 克 / 牛奶 10 克

馅料

鸡蛋 80 克 / 白砂糖 140 克 / 酥油 50 克 / 柠檬皮碎 25 克 / 柠檬汁 30 克 / 牛奶香粉 4 克

馅料制作过程

1. 将鸡蛋打散搅拌均匀，加入白砂糖搅拌至糖溶化。
2. 将酥油融化后分次加入，搅拌均匀。
3. 加入柠檬皮碎搅拌均匀。
4. 依次加入柠檬汁和牛奶香粉，搅拌均匀备用。

综合制作过程

1. 将酥油搅拌均匀，分次加入鸡蛋后再搅拌均匀。
2. 分别加入盐、绵白糖，搅拌均匀。
3. 加入牛奶，搅拌均匀。
4. 加入过筛的低筋面粉，以压拌的方式拌成面团，松弛 10 分钟。
5. 把面团擀开至 0.3 厘米厚，放在派盘上。切除多余的面皮，再稍作修整。将馅料倒在派盘内至九分满。
6. 将步骤 5 放入烤箱，以 190℃ /180℃ 烘烤 30 分钟左右。

苹果派

派皮

无盐黄油 100 克／糖粉 50 克／盐 1.5 克／鸡蛋 1 个／低筋面粉 150 克／杏仁粉 30 克／模具用黄油适量

装饰

中型苹果 1 个／盐 3 克／透明果胶适量

馅料

绵白糖 60 克／低筋面粉 30 克／鸡蛋 1 个／牛奶 300 克／黄油 20 克

派皮制作过程

1. 将模具用的黄油融化，然后刷在模具上，再撒上面粉并将多余的面粉倒出。
2. 将无盐黄油、糖粉和盐放在操作台上拌至微发。
3. 将鸡蛋分次加入步骤 2 中充分搅拌均匀。
4. 将过筛的低筋面粉和杏仁粉加入步骤 3 中，以压拌的方式拌成面团。
5. 将步骤 4 包上保鲜膜，常温松弛 20 分钟。
6. 将松弛好的步骤 5 擀小，约 0.4 厘米厚。
7. 在擀好的步骤 6 的上面放上派盘，然后翻过来，并用擀面棍压平边缘。
8. 将步骤 7 用手捏均匀，再用竹扦打孔，备用。

馅料制作过程

1. 将绵白糖、鸡蛋和低筋面粉充分搅拌均匀，备用。
2. 将牛奶和黄油一起加热煮沸。
3. 将步骤 2 慢慢地加入步骤 1 中搅拌均匀。
4. 将步骤 3 以边煮边搅的方式煮成糊状，冷却备用。

综合制作过程

1. 将做好的馅料放在派皮中抹平（中间稍微高一点），备用。
2. 在容器中放入适量的水，加入 3 克的盐混合均匀。
3. 将苹果切片后放在步骤 2 中稍微浸泡。
4. 将步骤 3 的苹果片摆在步骤 1 的上面呈螺旋形。
5. 将步骤 4 放入烤箱，以上下火 180℃/160℃约烤 20 分钟。
6. 将步骤 5 取出后趁热刷上透明果胶，趁热脱模，再放回模具中，然后摆上薄荷叶即可。

糖渍蜜饯派

派皮

黄油 68 克／绵白糖 45 克／鸡蛋 23 克／
杏仁粉 15 克／低筋面粉 120 克／
肉桂粉 1 克／八角粉 1 克

装饰

糖渍樱桃 50 克／葡萄干 30 克／糖渍黑橄榄 40 克／
糖渍桃肉 40 克／朗姆酒 60 克／糖渍柑橘干 40 克／
西梅 40 克／绵白糖 10 克／水适量

馅料

鸡蛋 65 克／绵白糖 63 克／低筋面粉 38 克／杏仁粉 35 克／泡打粉 1 克／蜂蜜 10 克／黄油 10 克／
牛奶香粉适量

塔 & 派

装饰制作过程

1. 将配方中所有干果放在一起，加水煮沸。

2. 加入朗姆酒和绵白糖，煮至水分收干即可。

馅料制作过程

1. 将鸡蛋与绵白糖搅拌至糖溶化。

2. 加入过筛的杏仁粉、低筋面粉、泡打粉和牛奶香粉，再加入蜂蜜搅拌均匀

3. 将黄油融化后加入，搅拌均匀备用。

派皮制作过程

1. 将黄油与绵白糖混合搅拌至乳霜状。
2. 分次加入鸡蛋,搅拌均匀。
3. 将过筛的低筋面粉和杏仁粉一起加入,拌成面团。
4. 加入过筛的肉桂粉和八角粉,搅拌均匀。
5. 将面团擀开成 0.4 厘米厚的面皮,放入涂抹了黄油的派盘内(黄油起到润滑的作用),将多余的面皮去除干净。
6. 将步骤 5 边缘的地方稍作修整,将馅料倒在派皮的表面,抹平。
7. 将步骤 6 放入烤箱烘烤,以 200℃ / 210℃烘烤大约 25 分钟。
8. 将制作的装饰蜜饯摆在表面即可。

备注

- 搅拌面团的时候,配方中的黄油不需要搅拌得太发,以免在烘烤的时候因膨胀而使形状改变。

- 面皮的薄厚程度要控制得当。

- 表面装饰也可以用其他自己喜爱的材料来制作。

杏仁栗子派

派皮

低筋面粉 100 克／盐 0.2 克／绵白糖 15 克／蛋黄 1 个／水 20 克／无盐黄油 50 克

馅料

黄油 100 克／糖粉 100 克／鸡蛋 2 个／杏仁粉 100 克／香草粉 1.5 克

装饰

糖渍栗子 8 粒／杏仁片 30 克

派皮制作过程

参照 P20 小圆点甜派皮制作。

馅料制作过程

1. 将黄油放在容器中搅拌成泥状。
2. 将糖粉加入步骤 1 中搅拌至微发。
3. 将鸡蛋分次加入步骤 2 中搅拌均匀。
4. 将杏仁粉和香草粉加入步骤 3 中混合均匀。
5. 将步骤 4 用刮板将边缘刮起，再充分搅拌均匀备用。

塔 & 派

综合制作过程

1. 将做好的馅料放在做好的派皮中,约三分满。
2. 将步骤1底部抹平,均匀地摆放上8粒糖渍栗子。
3. 在步骤2的表面再放上馅料至八分满。
4. 将步骤3抹平,并在表面撒上适量杏仁片做装饰。
5. 将步骤4放入烤箱,以上下火180℃/150℃约烤35分钟,取出稍微冷却后脱模即可。

洋葱虾仁派

派皮

酥油 100 克 / 盐 1.5 克 / 糖粉 50 克 / 鸡蛋 1 个 / 杏仁粉 30 克 / 低筋面粉 170 克

馅料

洋葱丝 80 克 / 虾米 100 克 / 马铃薯丁 40 克 / 橄榄油 5 克 / 咖喱粉 7 克 / 胡椒粉 1.5 克 / 鸡精 3 克 / 水 40 克 / 盐 5 克

蛋奶液

鸡蛋 1 个 / 高筋面粉 5 克 / 淡奶油 60 克 / 牛奶 30 克 / 盐 1.5 克 / 黑胡椒粉 1.5 克

装饰

乳酪丝 40 克

塔 & 派

派皮制作过程

1. 将酥油、糖粉和盐放在操作台上拌至微发。

2. 将鸡蛋分次加入步骤 1 中搅拌均匀。

3. 将过筛的低筋面粉和杏仁粉加入步骤 2 中一起搅拌成团。

4. 将步骤 3 用保鲜膜包住，冷藏松弛 15 分钟。

5. 将松弛好的步骤 4 擀开，约 0.5 厘米厚。

6. 在擀好的步骤 5 的上面放上派盘，然后翻过来。

7. 用擀面棍将步骤 6 的边缘压平整。

8. 在步骤 7 的底部用竹扦打孔，备用。

馅料制作过程

1. 在容器中放入橄榄油加热，加入洋葱丝炒软。

2. 在步骤 1 中加入咖喱粉炒香。

3. 在步骤 2 中加入鸡精和水，煮沸。

4. 在步骤 3 中加入虾米、马铃薯丁、盐和胡椒粉炒拌均匀，放凉备用。

蛋奶液制作过程

1. 将鸡蛋放在容器中搅拌打散。
2. 将高筋面粉加入步骤1中，充分拌匀。
3. 将盐、黑胡椒粉、淡奶油和牛奶加入步骤2中，充分搅拌均匀，备用。

综合制作过程

1. 将做好的馅料倒入派皮中抹平。
2. 将乳酪丝撒在步骤1的表面。
3. 在步骤2的上面倒入蛋奶液。
4. 将步骤3放入烤箱，以上下火180℃/170℃约烤30分钟。
5. 将步骤4取出，冷却后脱模切块即可。

菠菜火腿咸派

派皮

酥油 100 克 / 盐 1.5 克 / 糖粉 50 克 / 鸡蛋 1 个 / 杏仁粉 30 克 / 低筋面粉 170 克

装饰

乳酪粉适量

馅料

菠菜 100 克 / 鸡蛋 2 个 / 淡奶油 70 克 / 牛奶 70 克 / 奶油奶酪 100 克 / 火腿片 80 克 / 胡椒粉 3 克 / 肉桂粉 2 克 / 盐 4 克 / 蘑菇 25 克

派皮制作过程

1. 将酥油、糖粉和盐放在操作台上拌至微发。
2. 将鸡蛋分次加入步骤 1 中搅拌均匀。
3. 将过筛的低筋面粉和杏仁粉加入步骤 2 中一起搅拌成团。
4. 将步骤 3 用保鲜膜包住，冷藏松弛 20 分钟。
5. 将松弛好的步骤 4 擀开，约 0.4 厘米厚。
6. 在擀好的步骤 5 的上面放上派盘，然后翻过来。
7. 用擀面棍将步骤 6 的边缘压平整。
8. 在步骤 7 的底部用竹扦打孔，备用。

塔 & 派

馅料制作过程

1. 将菠菜清洗干净，放在开水中烫一下，沥干水分，切碎备用；接着将蘑菇洗净，火腿片切丁备用。
2. 将奶油奶酪放在容器中搅打至软化。
3. 将鸡蛋分次加入步骤 2 中，搅拌均匀。
4. 在步骤 3 中加入淡奶油和牛奶，搅拌均匀。
5. 将盐、肉桂粉和胡椒粉加入步骤 4 中，充分搅拌均匀备用。
6. 在步骤 5 中加入备用的步骤 1，混合搅拌均匀。

综合制作过程

1. 将做好的馅料倒入派皮中抹平。
2. 将乳酪粉撒在步骤 1 的表面。
3. 将步骤 2 放入烤箱，以上下火 180℃ /170℃ 约烤 30 分钟。
4. 取出步骤 3 冷却后脱模即可。

密西西比派

派皮

消化饼干 275 克 / 黄油 150 克

馅料 1（巧克力层）

吉利丁 20 克 / 巧克力 175 克 / 鸡蛋 2 个 / 打发淡奶油 150 克

馅料 2（咖啡太妃糖层）

浓缩咖啡 30 克 / 淡奶油 300 克 / 白砂糖 100 克 / 玉米粉 25 克 / 鸡蛋 2 个 / 黄油 30 克

装饰

打发淡奶油和巧克力 150 克 / 巧克力适量 / 可可粉适量

派皮制作过程

1. 将消化饼干碾碎,与黄油搅拌均匀。
2. 将步骤1压在模具中,压紧实(模具中可先刷上油,撒上糖粉)。

巧克力层制作过程

1. 将吉利丁放入水中泡软。将巧克力隔水融化,加入泡好的吉利丁,搅拌至吉利丁完全融化。
2. 分离蛋黄与蛋白,将蛋黄与打发的淡奶油搅拌在一起,加入到步骤1中搅拌均匀。
3. 将蛋白打发成鸡尾状,加入到巧克力中,搅拌均匀。
4. 将步骤3倒入制作好的派皮中,冰箱冷冻。

咖啡层制作过程

1. 将淡奶油加热接近沸腾,倒入浓缩咖啡搅拌均匀。
2. 加入白砂糖,慢慢加热至糖溶化。
3. 将玉米粉和鸡蛋液混合,加入步骤2的混合物,小火加热,搅拌至浓稠。再加入黄油,搅拌,冷却。
4. 将步骤3倒在巧克力层上,放入冰箱冷藏凝固。
5. 凝固后,表面用打发好的淡奶油厚厚地挤在上面。
6. 装饰上巧克力和可可粉即可。

咖啡核桃派

派皮

无盐黄油 100 克 / 糖粉 50 克 / 蛋黄 1 个 / 低筋面粉 150 克

馅料

绵白糖 30 克 / 水 30 克 / 鸡蛋 1 个 / 红糖 70 克 / 淡奶油 50 克 / 无盐黄油 20 克 / 核桃仁 100 克 / 咖啡粉 5 克

装饰

糖粉适量

派皮制作过程

1. 将无盐黄油、糖粉放在操作台上拌至微发。
2. 将蛋黄加入步骤 1 中充分搅拌均匀。
3. 将过筛的低筋面粉加入步骤 2 中，以压拌的方式拌成面团。
4. 将步骤 4 包上保鲜膜，常温松弛 20 分钟。
5. 将步骤 4 擀开，约 0.4 厘米厚。
6. 在擀好的步骤 5 的上面放上派盘，然后翻过来，用手压平。
7. 用手将步骤 6 的边缘压掉，取掉保鲜膜，用手捏均匀，最后用竹扦打孔，备用。

馅料制作过程

1. 将绵白糖和水放在同一个容器中煮至 110℃。
2. 将核桃仁倒在烤盘中，把步骤 1 浇在核桃仁上搅拌均匀，再以上下火 180℃/160℃ 约烤 15 分钟，冷却后稍微切碎，备用。
3. 将鸡蛋和红糖放在容器中搅拌至糖溶化。
4. 将淡奶油加入步骤 3 中搅拌均匀。
5. 将咖啡粉加入步骤 4 中充分搅拌均匀。
6. 加入无盐黄油搅拌均匀。
7. 将备用的步骤 2 加入步骤 6 中混合，搅拌均匀备用。

综合制作过程

1. 将做好的馅料放在派皮中抹平。
2. 将步骤 1 放入烤箱,以上下火 180℃ /160℃ 约烤 30 分钟。
3. 将步骤 2 取出后稍微冷却脱模。
4. 在步骤 3 的表面筛上适量的糖粉即可。

玉米火腿乳酪派

派皮

酥油 100 克 / 盐 1.5 克 / 糖粉 50 克 / 鸡蛋 1 个 / 杏仁粉 30 克 / 低筋面粉 170 克

馅料

鸡蛋 2 个 / 淡奶油 70 克 / 牛奶 70 克 / 奶油奶酪 70 克

装饰

玉米粒 30 克 / 火腿丁 60 克 / 胡椒碎 3 克 / 盐 5 克

派皮制作过程

1. 将酥油、糖粉和盐放在操作台上拌至微发。
2. 将鸡蛋分次加入步骤 1 中搅拌均匀。
3. 将过筛的低筋面粉和杏仁粉加入步骤 2 中搅拌成团。
4. 将步骤 3 用保鲜膜包住,冷藏松弛 20 分钟。
5. 将松弛好的步骤 4 擀开,约 0.4 厘米厚。
6. 在步骤 5 的上面放上派盘,然后翻过来。
7. 用擀面棍将步骤 6 的边缘压平整。
8. 在步骤 7 的底部用竹扦打孔,备用。

馅料制作过程

1. 将奶油奶酪和牛奶放在容器中,隔水加热搅拌至奶油奶酪融化,再离开热水。
2. 在步骤 1 中加入鸡蛋,搅拌均匀。
3. 将淡奶油加入步骤 2 充分搅拌均匀,备用。

综合制作过程

1. 将玉米粒撒在做好的派皮中。
2. 撒上火腿丁。
3. 将盐撒在步骤 2 的表面。
4. 将馅料倒入步骤 3 中,轻振几下使表面平整。
5. 将步骤 4 摆入烤盘,放入烤箱以上下火 180℃ / 160℃约烤 30 分钟。
6. 取出后撒上胡椒碎,冷却脱模切块即可。

洋葱咸派

派皮

低筋面粉 200 克 / 盐 1 克 / 蛋黄 1 个 / 水 25 克 / 无盐黄油 100 克

馅料

中型洋葱 2 个 / 黄油 15 克 / 色拉油 5 克 / 盐 3 克 / 黑胡椒粉 1.5 克

酱料

全蛋 1 个 / 牛奶 50 毫升 / 淡奶油 50 克 / 盐 1.5 克 / 黑胡椒粉 2 克 / 无盐黄油 100 克 / 乳酪丝 40 克

塔 & 派

派皮制作过程

1. 将无盐黄油和盐混合拌至微发，然后加入蛋黄和水充分搅拌均匀，再加入过筛的低筋面粉搅拌成面团，松弛 20 分钟。
2. 将松弛好的步骤 1 包上保鲜膜，然后擀开，约 0.4 厘米厚。
3. 在步骤 2 上面放上派盘，然后翻过来。
4. 将步骤 3 压平，边缘多余的面皮用刀具削掉。
5. 将步骤 4 用手指捏出花纹，并在底部打孔备用。

馅料制作过程

1. 将洋葱洗净，切成 0.6~0.7 厘米宽的细丝备用。
2. 将黄油和色拉油放在容器中加热，然后加入步骤 1 的洋葱炒至颜色变深。
3. 将步骤 2 移至不粘锅中继续炒至水分变少。
4. 至步骤 3 的色泽更深时，加入盐和胡椒粉炒均匀，冷却备用。

综合制作过程

1. 将酱料的所有材料放在一个容器中充分混合，搅拌均匀，过滤备用。
2. 将做好的馅料倒入派皮中，再将酱料均匀地淋在上面，撒上乳酪丝，放入烤箱以上下火 180℃/160℃ 烘烤，约烤 30 分钟，最后取出冷却即可。

WANGSEN

INTERNATIONAL COFFEE BAKERY WESTERN-FOOD SCHOOL

创业班

适合高中生、大学生、白领一族、私坊，想创业、想进修，100%包就业，毕业即可达到高级技工水平。

一年制蛋糕甜点创业班　　一年制烘焙西点创业班
一年制西式料理创业班　　一年制咖啡西点创业班
一年制法式甜点咖啡班

学历班

适合初中生、高中生，毕业可获得大专学历和高级技工证，100%高薪就业。

三年制酒店西餐大专班
三年制蛋糕甜点中专班

留学班

适合高中以上任何人群、烘焙爱好者、烘焙世家接班人等，日韩法留学生毕业可在日本韩国法国就业，拿大专学历证书。

日本菓子留学班　　韩国烘焙留学班
法国甜点留学班

外教班

适合增加店面赢利点老板，提升技术的师傅，做特色产品的私坊老板，接受国际最顶级大师的产品制作和设计理念

韩式裱花　　法式甜点
日式甜点　　英式翻糖
美式拉糖　　顶级咖啡
天然酵母面包

苏州校区：www.wangsen.cn　　北京校区：www.bjwangsen.com　　广东校区：www.gdwsbake.com
QQ：281578010　　　　电话：4000-611-018　　　　地址：苏州市吴中区***路145-5号